에듀윌과 함께 시작하면,
당신도 합격할 수 있습니다!

새로운 시작을 위해
열심히 자격증을 준비하는 비전공자

공부할 시간이 없어
단기간 합격을 원하는 직장인

퇴직 후 제2의 인생을 위해
책이 다 닳도록 공부하는 엄마

누구나 합격할 수 있습니다.
시작하겠다는 '다짐' 하나면 충분합니다.

마지막 페이지를 덮으면,

에듀윌과 함께
뷰티 자격증 합격이 시작됩니다.

합격스토리로 증명한 에듀윌 뷰티 교재

한○영 합격생

역시 에듀윌! 1주 만에 메이크업 필기 합격!

메이크업 필기책으로 에듀윌을 선택한 건 어찌 보면 당연한 일이었어요. 작년에도 네일 미용사를 에듀윌 책으로 한 번에 합격했기 때문이에요. 사실 메이크업 필기 공부는 일주일도 못했는데 기출문제랑 예상문제 위주로 풀었더니 수월하게 합격했어요. 주변 지인들에게도 꼭 에듀윌 책으로 공부하라고 적극 추천하고 있답니다. 에듀윌 항상 고마워요!

가○ 합격생

네일 미용사 필기가 걱정된다면 에듀윌을 적극 추천할게요.

일을 그만두고 나서 네일아트를 배워보려고 학원을 등록했는데 학원에서는 이론 수업이 없더라고요. 필기는 독학으로 시험을 봐야 한다고 해서 너무 당황스러웠죠. 그래서 제일 믿음이 가는 에듀윌 책을 선택했고 제 선택은 틀리지 않았습니다. 딱 일주일 공부하고 합격했어요. 요점 정리가 너무 잘 되어 있고, 챕터별로 문제가 마련되어 있어서 훨씬 이해하기 쉽더라고요. 처음에는 혼자 필기를 공부해야 하니 걱정이 가득이었지만, 에듀윌 덕에 높은 점수로 합격했습니다. 다 에듀윌 덕분입니다!

유○영 합격생

첫 도전이었던 맞춤형화장품 조제관리사, 한 번에 합격!

퇴직 후 새로운 도전을 해보고 싶었습니다. 우연히 맞춤형화장품 조제관리사 자격증을 알게 되었고, 에듀윌의 맞춤형화장품 조제관리사 도서명이 마음에 들어 구입을 했습니다. 책 이름처럼 한 권으로 이 자격증을 마스터할 수 있기를 바라면서요. 제가 비전공자라 초반에는 낯선 용어가 너무 많이 나와 겁을 먹었지만, 타 교재에 비해 책이 두껍지 않아서 쉽게 입문할 수 있었습니다. 무료 특강 덕에 헷갈렸던 부분도 해결하고 암기팁도 얻을 수 있어 좋았습니다. 가장 좋았던 건 모의고사 자동 채점 시스템입니다. 문제를 풀고 QR 코드를 찍어 답안을 기록하면 다른 사람들과의 점수 비교도 가능해서 제가 어느 위치까지 있는지도 알 수 있어서 많은 도움이 되었습니다. 첫 도전이시라면 이 교재를 꼭 추천드리고 싶습니다.

다음 합격의 주인공은 당신입니다!

단기끝장 플래너

나만의 플래너를 작성하여 계획대로 실행해보세요! 단기간에 합격할 수 있을 거예요.

학습 범위		세부 과제명	본문	학습일	복습일
제1과제 매니큐어 및 페디큐어	매니큐어	풀 코트 레드	p.42	/	/
		프렌치 화이트	p.50	/	/
		딥 프렌치 화이트	p.58	/	/
		그러데이션 화이트	p.66	/	/
	페디큐어	풀 코트 레드	p.76	/	/
		딥 프렌치 화이트	p.84	/	/
		그러데이션 화이트	p.92	/	/
제2과제 젤 매니큐어		선 마블링	p.106	/	/
		부채꼴 마블링	p.116	/	/
제3과제 인조네일		내추럴 팁 위드 랩	p.136	/	/
		젤 원톤 스컬프처	p.146	/	/
		아크릴 프렌치 스컬프처	p.156	/	/
		네일 랩 익스텐션	p.166	/	/
제4과제 인조네일 제거		인조네일 제거	p.182		/

가위로 절라서 책갈피로 활용하세요.

벼락치기 책갈피

풀 코트 레드
손 소독(수험자, 모델) ▸ 네일 폴리시 제거 ▸ 라운드 형태 ▸ 표면 정리 ▸ 분진 제거 ▸ 큐티클 불리기 ▸ 큐티클 밀기 ▸ 큐티클 정리 ▸ 소독 ▸ 유분기 제거 ▸ 베이스코트 1회 도포 ▸ 레드 네일 폴리시 풀 코트 2회 도포 ▸ 톱코트 1회 도포 ▸ 수정 ▸ 작업대 정리

프렌치 화이트
손 소독(수험자, 모델) ▸ 네일 폴리시 제거 ▸ 라운드 형태 ▸ 표면 정리 ▸ 분진 제거 ▸ 큐티클 불리기 ▸ 큐티클 밀기 ▸ 큐티클 정리 ▸ 소독 ▸ 유분기 제거 ▸ 베이스코트 1회 도포 ▸ 화이트 네일 폴리시 프렌치 2회 도포 ▸ 톱코트 1회 도포 ▸ 수정 ▸ 작업대 정리

딥 프렌치 화이트
손 소독(수험자, 모델) ▸ 네일 폴리시 제거 ▸ 라운드 형태 ▸ 표면 정리 ▸ 분진 제거 ▸ 큐티클 불리기 ▸ 큐티클 밀기 ▸ 큐티클 정리 ▸ 소독 ▸ 유분기 제거 ▸ 베이스코트 1회 도포 ▸ 화이트 네일 폴리시 딥 프렌치 2회 도포 ▸ 톱코트 1회 도포 ▸ 수정 ▸ 작업대 정리

그러데이션 화이트
손 소독(수험자, 모델) ▸ 네일 폴리시 제거 ▸ 라운드 형태 ▸ 표면 정리 ▸ 분진 제거 ▸ 큐티클 불리기 ▸ 큐티클 밀기 ▸ 큐티클 정리 ▸ 소독 ▸ 유분기 제거 ▸ 베이스코트 1회 도포 ▸ 화이트 네일 폴리시 그러데이션 도포 ▸ 톱코트 1회 도포 ▸ 수정 ▸ 작업대 정리

풀 코트 레드(페디)
손, 발 소독(수험자, 모델) ▸ 네일 폴리시 제거 ▸ 스퀘어 형태 ▸ 표면 정리 ▸ 분진 제거 ▸ 큐티클 불리기 ▸ 큐티클 밀기 ▸ 큐티클 정리 ▸ 소독 ▸ 유분기 제거 ▸ 토 세퍼레이터 끼우기 ▸ 베이스코트 1회 도포 ▸ 레드 네일 폴리시 풀 코트 2회 도포 ▸ 톱코트 1회 도포 ▸ 수정 ▸ 작업대 정리

딥 프렌치 화이트(페디)
손, 발 소독(수험자, 모델) ▸ 네일 폴리시 제거 ▸ 스퀘어 형태 ▸ 표면 정리 ▸ 분진 제거 ▸ 큐티클 불리기 ▸ 큐티클 밀기 ▸ 큐티클 정리 ▸ 소독 ▸ 유분기 제거 ▸ 토 세퍼레이터 끼우기 ▸ 베이스코트 1회 도포 ▸ 화이트 네일 폴리시 딥 프렌치 2회 도포 ▸ 톱코트 1회 도포 ▸ 수정 ▸ 작업대 정리

그러데이션 화이트(페디)
손, 발 소독(수험자, 모델) ▸ 네일 폴리시 제거 ▸ 스퀘어 형태 ▸ 표면 정리 ▸ 분진 제거 ▸ 큐티클 불리기 ▸ 큐티클 밀기 ▸ 큐티클 정리 ▸ 소독 ▸ 유분기 제거 ▸ 토 세퍼레이터 끼우기 ▸ 베이스코트 1회 도포 ▸ 화이트 네일 폴리시 그러데이션 도포 ▸ 톱코트 1회 도포 ▸ 수정 ▸ 작업대 정리

선 마블링
손 소독(수험자, 모델) ▸ 라운드 형태 ▸ 표면 정리 ▸ 분진, 유분기 제거 ▸ 베이스 젤 1회 도포 ▸ 경화 ▸ 선 마블링 ▸ 경화 ▸ 톱 젤 1회 도포 ▸ 경화 ▸ 작업대 정리

부채꼴 마블링
손 소독(수험자, 모델) ▸ 라운드 형태 ▸ 표면 정리 ▸ 분진, 유분기 제거 ▸ 베이스 젤 1회 도포 ▸ 경화 ▸ 레드 젤 네일 폴리시 풀 코트 1회 도포 ▸ 경화 ▸ 부채꼴 마블링 ▸ 경화 ▸ 톱 젤 1회 도포 ▸ 경화 ▸ 작업대 정리

내추럴 팁 위드 랩
손 소독(수험자, 모델) ▸ 네일 폴리시 제거 ▸ 라운드 또는 오발 형태 ▸ 표면 정리 ▸ 분진 제거 ▸ 네일 팁 접착 ▸ 네일 팁 재단 ▸ 네일 팁 턱 제거 ▸ 분진 제거 ▸ 채우기 ▸ 구조 조형 ▸ 표면 정리 ▸ 분진 제거 ▸ 네일 랩 재단 ▸ 네일 랩 접착 ▸ 네일 랩 고정 ▸ 네일 랩 코팅 ▸ 스퀘어 형태 ▸ 표면 정리 ▸ 광택내기 ▸ 분진 제거 ▸ 마무리 ▸ 작업대 정리

젤 원톤 스컬프처
손 소독(수험자, 모델) ▸ 네일 폴리시 제거 ▸ 라운드 또는 오발 형태 ▸ 표면 정리 ▸ 분진 제거 ▸ 네일 폼 접착 ▸ 베이스 젤 도포 ▸ 경화 ▸ 클리어 젤 연장 ▸ 경화 ▸ 클리어 젤 오버레이 ▸ 경화 ▸ 미경화 젤 닦기 ▸ 네일 폼 제거 ▸ 스퀘어 형태 ▸ 구조 조형 ▸ 표면 정리 ▸ 분진 제거 ▸ 잔여물 제거 ▸ 톱 젤 도포 ▸ 경화 ▸ 작업대 정리

아크릴 프렌치 스컬프처
손 소독(수험자, 모델) ▸ 네일 폴리시 제거 ▸ 라운드 또는 오발 형태 ▸ 표면 정리 ▸ 분진 제거 ▸ 네일 폼 접착 ▸ 화이트 볼 스마일 라인 조형 ▸ 핑크 또는 클리어 볼 오버레이 ▸ 1차 핀치 ▸ 네일 폼 제거 ▸ 2차 핀치 ▸ 스퀘어 형태 ▸ 구조 조형 ▸ 표면 정리 ▸ 광택내기 ▸ 분진 제거 ▸ 마무리 ▸ 작업대 정리

네일 랩 익스텐션
손 소독(수험자, 모델) ▸ 네일 폴리시 제거 ▸ 라운드 또는 오발 형태 ▸ 표면 정리 ▸ 분진 제거 ▸ 네일 랩 재단 ▸ 네일 랩 접착 ▸ 네일 랩 곡선 형성 ▸ 네일 랩 연장 ▸ 길이 재단 ▸ C 형태의 곡선 고정 ▸ 스퀘어 형태 ▸ 구조 조형 ▸ 표면 정리 ▸ 분진 제거 ▸ 브러시 글루 도포 ▸ 표면 정리 ▸ 광택내기 ▸ 분진 제거 ▸ 마무리 ▸ 작업대 정리

인조네일 제거
손 소독(수험자, 모델) ▸ 길이 재단 ▸ 두께 제거 ▸ 분진 제거 ▸ 오일 도포 ▸ 제거제 도포 ▸ 포일 마감 ▸ 녹은 부분 제거 ▸ 남은 부분 제거 ▸ 표면 정리 ▸ 라운드 또는 오발 형태 ▸ 분진 제거 ▸ 마무리 ▸ 작업대 정리

시작하는 방법은
말을 멈추고
즉시 행동하는 것이다.

– 월트 디즈니(Walt Disney)

2024

에듀윌 네일 미용사

실기 단기끝장

저자가 말하는 네일 미용사

이전까지의 네일 미용 산업은 미용사 자격증이라는 통합된 틀 아래 독립되지 못하였으나, 미용사(네일) 국가 자격제도를 통하여 하나의 독립된 학문 분야로 자리 잡아 가고 있습니다. 국가기술자격기준법 시행규칙이 개정되어 업계에서 많은 변화와 발전이 이루어지고 있으며, 앞으로 미용사(네일) 자격증은 명실공히 전망 있는 자격증 중 하나로 발돋움할 것입니다.

본 저서는 저자가 대학 강의와 국제 강의 등의 교육활동으로 터득한 이론과 더불어 한국, 일본, 영국의 국제 네일 자격증을 취득하며 경험한 국제적인 노하우를 통해 미용사(네일) 실기시험의 규정을 정확히 분석하였습니다. 수험자에게 혼란이 없도록 국제적으로도 통용 가능하면서도 이해하기 쉬운 방법으로 과정들을 풀어 내어 누구나 정확하게 실기시험의 과제를 수행할 수 있도록 구성하였습니다. 또한, 수년간의 네일숍 운영 경력, 수많은 시간 동안 인조네일의 테크닉을 연구한 노력, 다수의 국제대회에서 수상을 하며 인증 받은 경험을 토대로 미용사(네일) 실기시험의 정확한 도면을 제시하였습니다.

실기시험에 대비하는 올바른 준비과정과 정확한 결과물을 만들기 위한 가이드 라인을 제시하여 꼭 체크해야 할 유의사항과 사전준비 사항뿐만 아니라 위생, 작업 순서, 작업 시간도 정확한 규정에 맞게 준비할 수 있도록 구성하였습니다. 『미용사(네일) 실기 단기끝장』이 수험자에게 실기시험 합격의 길잡이가 되길 바라며, 교재를 출판할 수 있도록 도움을 주신 에듀윌 대표님과 출판사업본부 관계자 여러분들에게 깊은 감사를 전합니다.

누구나 할 수 있지만 아무나 될 수 없다!
네일 미용사의 입문을 축하드리며, 진정으로 가치 있고 멋진 네일인이 되시기를 바랍니다.

저자 민방경

1

비교 거부! 수준이 다른 작업과정 사진

- 처음부터 끝까지 저자가 직접 작업
- 다른 교재와 비교할 수 없는, 완성도 높은
  과제별/단계별 작업과정 및 완성도면

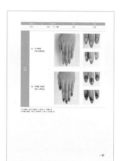
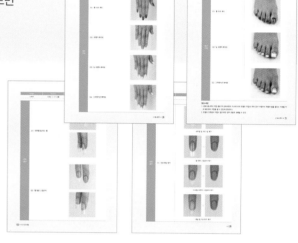

2

전체적으로 → 단계별로 자세히 → 마무리 점검

- 작업과정 한눈에 보기 → '도구 & 재료로' 작업과정 자세히 보기 → 작업과정 점검하기 → 완성!
- 작업과정을 지루하게 죽 늘어놓기만 하지 않았다!
  입체적 구성으로 효율적/선택적 학습 가능

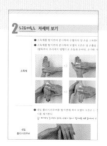

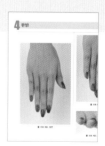

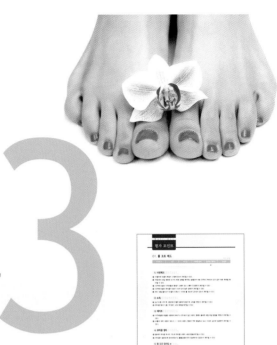

꼭 숙지해야 할 '과제별 평가 포인트'

• 평가 포인트로 심사 · 평가 요소 마무리 점검
• 과제별 작업과정에서 꼭 숙지해야 할 합격기준 제공

실기시험 Last Check!
저자직강 무료동영상 제공

• 과제별 주요 작업과정과 합격 포인트 제시
• 작업과정 사진과 함께 실기시험 최종 점검!
▶ 무료동영상 : [에듀윌 도서몰]−[동영상강의실]−'네일' 검색

국가기술자격증 미용사(네일)

미용사(네일) Nail Technician

뷰티 산업의 꽃이라 할 수 있는 네일 미용 산업은 성장 가능성과 전망이 세계적인 추세로 흘러가고 있는 분야로 21세기 비즈니스형 창업의 형태입니다. 네일 미용을 통한 전문화된 지식과 고도의 숙련된 기술은 단순하고 반복적인 일의 형태에서 벗어난 새로운 형태의 직업입니다. 미용사(네일) 자격시험은 미용계의 세계화 추세에 빠르게 발맞추어 가고자 국가기술자격으로 제도화되었습니다.

실기시험

☑ **시행기관:** 한국산업인력공단

☑ **합격기준:** 100점 만점 / 60점 이상

☑ **실기 과제유형 및 시험시간**

제1과제 (매니큐어 및 페디큐어)	제2과제 (젤 매니큐어)	제3과제 (인조네일)	제4과제 (인조네일 제거)
60분	35분	40분	15분

☑ **시험시간:** 총 2시간 30분(150분)

☑ **2024년 상시시험 시행계획**

원서접수 기간	• 상반기: 1.11.(목) ~ 6.28.(금) 예상, 지역별로 상이 • 하반기: 7.4.(목) ~ 12.27.(금) 예상, 지역별로 상이
시행지역	서울, 서울동부, 서울남부, 경기북부, 부산, 부산남부, 울산, 경남, 경인, 경기, 성남, 대구, 경북, 포항, 광주, 전북, 전남, 목포, 대전, 충북, 충남, 강원, 강릉, 제주

※ 접수 기간 및 시행지역은 변동될 수 있으며, 정확한 내용은 큐넷 홈페이지에서 확인 가능합니다.

※ 접수시간은 회별 원서접수 첫날 10:00부터 마지막 날 18:00까지입니다.

※ 상시시험 원서접수는 정기시험과 같이 공고한 기간에만 접수 가능하며, 선착순 방식이므로 회별 접수기간 종료 전에 마감될 수도 있습니다.

과제유형

과제유형	제1과제(60분)		제2과제(35분)	제3과제(40분)	제4과제(15분)
	매니큐어 및 페디큐어		젤 매니큐어	인조네일	인조네일 제거
셰이프	라운드 셰이프 (매니큐어)	스퀘어 셰이프 (페디큐어)	라운드 셰이프	스퀘어 셰이프	3과제 선택된 인조네일 제거
대상부위	오른손 1~5지 손톱	오른발 1~5지 발톱	왼손 1~5지 손톱	오른손 3, 4지 손톱	오른손 3지 손톱
세부과제	① 풀 코트 레드	① 풀 코트 레드	① 선 마블링	① 내추럴 팁 위드 랩	인조네일 제거
	② 프렌치 화이트	② 딥 프렌치 화이트	② 부채꼴 마블링	② 젤 원톤 스컬프처	
	③ 딥 프렌치 화이트	③ 그러데이션 화이트		③ 아크릴 프렌치 스컬프처	
	④ 그러데이션 화이트			④ 네일 랩 익스텐션	
배점	20	20	20	30	10

※ 총 4과제로 당일 각 과제가 랜덤 선정되는 방식으로 아래와 같이 선정됩니다.

　　1과제: 매니큐어 ①~④ 과제 중 한 과제 선정, 페디큐어 ①~③ 과제 중 한 과제 선정

　　2과제: 젤 매니큐어 ①~② 과제 중 한 과제 선정

　　3과제: 인조네일 ①~④ 과제 중 한 과제 선정

　　4과제: 3과제 시 선정된 인조네일 제거(3지 손톱)

※ 아래의 과제는 다음의 요구사항에 맞게 작업하여야 합니다.

　　• 매니큐어 과제 요구사항

　　　– 프렌치 스마일 라인의 넓이: 3~5mm

　　　– 딥 프렌치 스마일 라인의 폭: 손톱 전체 길이의 1/2 이상, 반월 미만

　　• 인조네일 과제 요구사항

　　　– 프리에지의 두께: 0.5~1mm 이하

　　　– 프리에지의 길이: 프리에지 중심 기준으로 0.5~1cm 미만

　　　– 프리에지의 C 커브: 원형의 20~40%의 비율까지 허용

※ 각 과제 작업 종료 후 다음 과제를 위한 준비시간이 부여됩니다.

실기 출제기준

직무 분야	중직무 분야	자격 종목	적용 기간
이용 · 숙박 · 여행 · 오락 · 스포츠	이용 · 미용	미용사(네일)	2022. 01. 01.~ 2026. 12. 31.

☑ **직무내용:** 고객의 건강하고 아름다운 네일을 유지 · 보호하기 위해 네일 케어, 컬러링, 인조네일, 네일아트 등의 서비스를 제공하는 직무

☑ **실기검정 방법:** 작업형

☑ **시험시간:** 2시간 30분 정도

주요항목	세부항목	세세항목
1. 네일미용 위생서비스	1. 네일숍 청결 작업하기	❶ 청소도구를 활용하여 실내를 청소할 수 있다. ❷ 정리요령에 따라 집기류를 정리할 수 있다. ❸ 청소 점검표에 따라 청결상태를 점검할 수 있다.
	2. 네일숍 안전 관리하기	❶ 전기안전 수칙에 따라 안전 상태를 수시로 점검할 수 있다. ❷ 안전사고 발생 시 대책기관의 연락망을 확보할 수 있다.
	3. 미용기구 소독하기	❶ 기구유형에 따라 효율적인 소독방법을 결정할 수 있다. ❷ 소독방법에 따라 미용기구를 소독할 수 있다. ❸ 일회용 네일 용품을 위생적으로 관리할 수 있다. ❹ 위생 점검표에 따라 미용기구의 소독상태를 점검하고 정리할 수 있다.
	4. 개인위생 관리하기	❶ 소독제품의 특성에 따라 소독방법을 선정할 수 있다. ❷ 작업자의 개인위생 관리를 위해 손을 소독할 수 있다. ❸ 고객의 개인위생 관리를 위해 네일과 네일 주변을 소독할 수 있다.
2. 네일 화장물 제거	1. 일반 네일 폴리시 제거하기	❶ 일반 네일 폴리시 제거를 위한 제거제를 선택할 수 있다. ❷ 기 작업된 일반 네일 폴리시 제거를 위해 제거제를 사용할 수 있다. ❸ 일반 네일 폴리시의 완전 제거 상태를 확인할 수 있다.
	2. 젤 네일 폴리시 제거하기	❶ 젤 네일 폴리시 제거를 위한 제거제를 선택할 수 있다. ❷ 기 작업된 젤 네일 폴리시 제거를 위해 네일 파일과 제거제를 사용할 수 있다. ❸ 젤 네일 폴리시의 완전 제거 상태를 확인할 수 있다.
	3. 인조네일 제거하기	❶ 인조네일 제거를 위한 제거제를 선택할 수 있다. ❷ 기 작업된 인조네일 제거를 위해 네일 파일과 제거제를 사용할 수 있다. ❸ 인조네일의 완전 제거 상태를 확인할 수 있다.
3. 네일 화장물 적용 전 처리	1. 일반 네일 폴리시 전 처리하기	❶ 고객의 요청에 따라 적합한 네일 길이와 모양을 만들 수 있다. ❷ 네일 상태에 따라 표면을 정리하여 일반 네일 폴리시의 밀착력을 높일 수 있다. ❸ 네일 상태에 따라 큐티클을 정리할 수 있다. ❹ 네일 상태에 따라 유분기와 잔여물을 제거할 수 있다.
	2. 젤 네일 폴리시 전 처리하기	❶ 고객의 요청에 따라 작업에 적합한 네일 길이와 모양을 만들 수 있다. ❷ 네일 상태에 따라 표면을 정리하여 젤 네일 폴리시의 밀착력을 높일 수 있다. ❸ 네일 상태에 따라 큐티클을 정리할 수 있다. ❹ 젤 네일 접착력을 높이기 위하여 전 처리제를 도포할 수 있다.
	3. 인조네일 전 처리하기	❶ 고객의 요청에 따라 작업에 적합한 네일 길이와 모양을 만들 수 있다. ❷ 네일 상태에 따라 표면을 정리하여 인조네일 화장물의 밀착력을 높일 수 있다. ❸ 네일 상태에 따라 큐티클을 정리할 수 있다. ❹ 인조네일 접착력을 높이기 위하여 전 처리제를 도포할 수 있다.

4. 네일 화장물 적용 마무리	1. 일반 네일 폴리시 마무리하기	❶ 일반 네일 폴리시의 잔여물을 네일 폴리시리무버를 사용하여 정리할 수 있다. ❷ 일반 네일 폴리시의 건조를 위해 네일 폴리시 건조 촉진제를 사용할 수 있다. ❸ 보습을 위해 네일 주변에 큐티클 오일을 사용할 수 있다.
	2. 젤 네일 폴리시 마무리하기	❶ 경화 상태에 따라 미경화 젤을 젤 클렌저를 사용하여 제거할 수 있다. ❷ 네일 표면을 매끄럽게 네일 파일 작업을 할 수 있다. ❸ 작업 완료를 위해 톱 젤을 도포할 수 있다. ❹ 청결을 위해 냉 · 온 수건과 멸균거즈를 사용할 수 있다. ❺ 보습을 위해 네일 주변에 큐티클 오일을 사용할 수 있다.
	3. 인조네일 마무리하기	❶ 작업된 화장물에 따라 네일 표면의 광택방법을 선택할 수 있다. ❷ 분진 제거를 위해 미온수와 네일 더스트 브러시를 사용할 수 있다. ❸ 청결을 위해 냉 · 온 수건과 멸균거즈를 사용할 수 있다. ❹ 보습을 위해 네일 주변에 큐티클 오일을 사용할 수 있다.
	4. 네일 기본관리 마무리하기	❶ 작업 방법에 따라 네일과 네일 주변의 유분기를 제거할 수 있다. ❷ 청결을 위해 냉 · 온 수건과 멸균거즈를 사용할 수 있다. ❸ 고객의 요청에 따라 마무리 방법을 선택할 수 있다. ❹ 사용한 제품의 정리정돈을 할 수 있다.
5. 네일 기본관리	1. 프리에지 모양 만들기	❶ 고객의 요청에 따라 자연 네일의 길이를 조절할 수 있다. ❷ 고객의 요청에 따라 자연 네일의 프리에지 모양을 만들 수 있다. ❸ 자연 네일의 상태에 따라 표면을 정리할 수 있다. ❹ 프리에지의 거스러미를 정리할 수 있다.
	2. 큐티클 부분 정리하기	❶ 큐티클 부분을 연화하기 위해 손톱과 손톱 주변을 핑거볼에 담글 수 있다. ❷ 큐티클 부분을 연화하기 위해 발톱과 발톱 주변을 족욕기에 담글 수 있다. ❸ 큐티클 부분을 연화하기 위해 큐티클 연화제를 선택하여 사용할 수 있다. ❹ 큐티클 부분 정리 작업 과정에 따라 도구를 선택할 수 있다. ❺ 큐티클 부분의 상태에 따라 정리할 수 있다. ❻ 정리된 큐티클 부분을 소독할 수 있다.
	3. 보습제 도포하기	❶ 피부 상태에 따라 보습 제품을 선택할 수 있다. ❷ 보습 제품을 사용하여 큐티클을 부드럽게 할 수 있다.
6. 네일 컬러링	1. 풀 코트 컬러 도포하기	❶ 풀 코트 컬러를 위해 베이스코트와 베이스 젤을 얇게 도포할 수 있다. ❷ 풀 코트 컬러 도포 방법을 선정하고 네일 폴리시를 도포할 수 있다. ❸ 네일 폴리시를 얼룩 없이 균일하게 도포할 수 있다. ❹ 젤 네일 폴리시 작업 시 젤 램프기기를 사용할 수 있다. ❺ 풀 코트의 컬러 보호와 광택 부여를 위해 톱코트와 톱 젤을 도포할 수 있다.
	2. 프렌치 컬러 도포하기	❶ 프렌치 컬러를 위해 베이스코트와 베이스 젤을 얇게 도포할 수 있다. ❷ 프렌치 컬러 도포 방법을 선정하고 네일 폴리시를 도포할 수 있다. ❸ 균일한 스마일 라인을 위하여 옐로우 라인에 맞추어 프리에지 부분에 네일 폴리시를 도포할 수 있다. ❹ 스마일 라인을 고려하여 얼룩 없이 균일하게 도포할 수 있다. ❺ 젤 네일 폴리시 작업 시 젤 램프기기를 사용할 수 있다. ❻ 프렌치의 컬러 보호와 광택 부여를 위해 톱코트와 톱 젤을 도포할 수 있다.
	3. 딥 프렌치 컬러 도포하기	❶ 딥 프렌치 컬러를 위해 베이스코트와 베이스 젤을 얇게 도포할 수 있다. ❷ 딥 프렌치 컬러 도포 방법을 선정하고 네일 폴리시를 도포할 수 있다. ❸ 균일한 스마일 라인을 위하여 자연 네일 길이의 1/2 이상 부분에 네일 폴리시를 도포할 수 있다. ❹ 스마일 라인을 고려하여 얼룩 없이 균일하게 도포할 수 있다. ❺ 젤 네일 폴리시 작업 시 젤 램프기기를 사용할 수 있다. ❻ 딥 프렌치 컬러 보호와 광택 부여를 위해 톱코트와 톱 젤을 도포할 수 있다.
	4. 그러데이션 컬러 도포하기	❶ 그러데이션 컬러 도포를 위해 베이스코트와 베이스 젤을 얇게 도포할 수 있다. ❷ 그러데이션 컬러 도포 방법을 선정하고 네일 폴리시를 도포할 수 있다. ❸ 그러데이션의 위치를 선정하여 경계 없이 그러데이션을 표현할 수 있다. ❹ 젤 네일 폴리시 작업 시 젤 램프기기를 사용할 수 있다. ❺ 그러데이션 컬러 보호와 광택 부여를 위해 톱코트와 톱 젤을 도포할 수 있다.

7. **팁 위드** **파우더**	1. 네일 팁 선택하기	❶ 자연 네일의 모양에 따라 적합한 네일 팁을 선택할 수 있다. ❷ 자연 네일의 크기에 알맞은 네일 팁의 크기를 선택할 수 있다. ❸ 고객의 요청에 따라 다양한 네일 팁을 선택할 수 있다.
	2. 풀 커버 팁 작업하기	❶ 큐티클 부분 라인의 형태에 따라 풀 커버 팁을 사전 조형할 수 있다. ❷ 필러 파우더를 선택적으로 적용하여 자연 네일의 굴곡을 매끄럽게 할 수 있다. ❸ 네일 접착제를 사용하여 기포가 들어가지 않도록 풀 커버 팁을 접착할 수 있다. ❹ 고객의 요청에 따라 길이와 모양을 조절할 수 있다.
	3. 프렌치 팁 작업하기	❶ 자연 네일의 크기와 보양에 따라 알맞은 프렌치 팁을 선택할 수 있다. ❷ 네일 접착제를 사용하여 기포가 들어가지 않도록 프렌치 팁을 접착할 수 있다. ❸ 필러 파우더를 사용하여 프렌치 팁의 구조를 조형할 수 있다. ❹ 프렌치 팁의 완성을 위하여 네일 파일을 선택하여 작업할 수 있다.
	4. 내추럴 팁 작업하기	❶ 네일의 크기와 모양에 따라 알맞은 내추럴 팁을 선택할 수 있다. ❷ 네일 접착제를 사용하여 기포가 들어가지 않도록 내추럴 팁을 접착할 수 있다. ❸ 내추럴 팁의 팁 턱을 자연 네일의 손상 없이 제거할 수 있다. ❹ 필러 파우더를 사용하여 내추럴 팁의 구조를 조형할 수 있다. ❺ 내추럴 팁의 완성을 위하여 네일 파일을 선택하여 작업할 수 있다.
8. **자연** **네일 보강**	1. 네일 랩 화장물 보강	❶ 네일 랩을 이용하여 약해진 자연 네일을 전체적으로 보강할 수 있다. ❷ 네일 랩을 이용하여 손상된 자연 네일을 부분적으로 보강할 수 있다. ❸ 네일 랩을 이용하여 찢어진 자연 네일을 보강할 수 있다.
	2. 아크릴 화장물 보강	❶ 아크릴을 이용하여 약해진 자연 네일을 전체적으로 보강할 수 있다. ❷ 아크릴을 이용하여 손상된 자연 네일을 부분적으로 보강할 수 있다. ❸ 아크릴을 이용하여 찢어진 자연 네일을 보강할 수 있다.
	3. 젤 화장물 보강	❶ 젤을 이용하여 약해진 자연 네일을 전체적으로 보강할 수 있다. ❷ 젤을 이용하여 손상된 자연 네일을 부분적으로 보강할 수 있다. ❸ 젤을 이용하여 찢어진 자연 네일을 보강할 수 있다.
9. **팁 위드** **랩**	1. 팁 위드 랩 네일 팁 적용하기	❶ 자연 네일의 크기와 모양에 따라 네일 팁을 선택할 수 있다 ❷ 손가락과 손톱 방향에 따라 네일 팁을 접착할 수 있다. ❸ 네일 팁의 종류에 따라 팁 턱을 제거할 수 있다.
	2. 네일 랩 적용하기	❶ 인조네일의 보강을 위하여 네일 랩을 적용할 수 있다. ❷ 네일 상태에 따라 팁 위드 랩의 두께를 조절할 수 있다. ❸ 형태를 조형하기 위해 기초 구조를 만들 수 있다.
	3. 팁 위드 랩 네일 파일 적용하기	❶ 팁 위드 랩 구조를 고려하여 네일 파일을 선택할 수 있다. ❷ 네일 파일을 사용하여 팁 위드 랩 형태를 조형할 수 있다. ❸ 팁 위드 랩 완성도를 위하여 순차적인 네일 파일을 선택하여 광택을 낼 수 있다.
10. **랩 네일**	1. 네일 랩 재단하기	❶ 자연 네일 크기에 따라 네일 랩의 폭과 길이를 측정할 수 있다. ❷ 자연 네일 상태에 따라 네일 랩의 재단방법을 선택할 수 있다. ❸ 방법에 따라 네일 랩을 자연 네일에 맞추어 재단할 수 있다.
	2. 네일 랩 접착하기	❶ 네일 랩에 기포가 들어가지 않도록 네일 표면에 접착할 수 있다. ❷ 접착된 네일 랩의 상태에 따라 여분을 자를 수 있다. ❸ 네일 랩 고정을 위해 네일 접착제를 도포할 수 있다.
	3. 네일 랩 연장하기	❶ 고객의 요구에 따라 프리에지의 길이를 연장할 수 있다. ❷ 고객의 요구에 따라 랩 네일의 프리에지 형태를 조형할 수 있다. ❸ 고객의 요구에 따라 랩 네일의 두께를 조절할 수 있다. ❹ 고객의 요구에 따라 랩 네일의 형태를 조형할 수 있다.

11. 아크릴 네일	1. 아크릴 화장물 활용하기	❶ 연습용 인조 손에 자연 네일 대용의 네일 팁을 장착할 수 있다. ❷ 연습용 인조 손을 활용하여 아크릴 화장물의 사용방법을 숙련할 수 있다. ❸ 연습용 인조 손을 활용하여 올바르게 네일 폼을 적용할 수 있다. ❹ 적합한 방법으로 아크릴 브러시를 사용할 수 있다. ❺ 네일 파일을 활용하여 아크릴 네일의 파일 방법을 숙련할 수 있다.
	2. 아크릴 원톤 스컬프처하기	❶ 고객의 요구에 따라 프리에지의 길이를 연장할 수 있다. ❷ 고객의 요구에 따라 아크릴 원톤 스컬프처를 위한 두께를 조절할 수 있다. ❸ 고객의 요구에 따라 아크릴 원톤 스컬프처의 형태를 조형할 수 있다.
	3. 아크릴 프렌치 스컬프처하기	❶ 화이트 아크릴 파우더로 스마일 라인을 조형할 수 있다. ❷ 고객의 요구에 따라 프리에지의 길이를 연장할 수 있다. ❸ 고객의 요구에 따라 아크릴 프렌치 스컬프처를 위한 두께를 조절할 수 있다. ❹ 고객의 요구에 따라 아크릴 프렌치 스컬프처의 형태를 조형할 수 있다.
12. 네일 폴리시 아트	1. 일반 네일 폴리시 아트하기	❶ 네일미용 도구를 사용하여 일반 네일 폴리시 아트를 작업할 수 있다. ❷ 페인팅 브러시를 사용하여 일반 네일 폴리시를 조화롭게 디자인할 수 있다. ❸ 일반 네일 폴리시의 성질을 이용하여 마블 기법을 시행할 수 있다. ❹ 톱코트를 사용하여 일반 네일 폴리시 아트의 지속성을 높일 수 있다.
	2. 젤 네일 폴리시 아트하기	❶ 네일미용 도구를 사용하여 젤 네일 폴리시 아트를 작업할 수 있다. ❷ 젤 페인팅 브러시를 사용하여 젤 네일 폴리시를 조화롭게 디자인할 수 있다. ❸ 젤 네일 폴리시의 성질을 이용하여 마블 기법을 시행할 수 있다. ❹ 톱 젤을 사용하여 젤 네일 폴리시 아트의 지속성을 높일 수 있다.
	3. 통 젤 네일 폴리시 아트하기	❶ 네일미용 도구를 사용하여 통 젤 네일 폴리시 아트를 작업할 수 있다. ❷ 젤 페인팅 브러시를 사용하여 다양한 색상의 통 젤 네일 폴리시 아트를 조화 롭게 디자인할 수 있다. ❸ 통 젤 네일 폴리시의 성질을 이용하여 세밀한 디자인을 작업할 수 있다. ❹ 톱 젤을 사용하여 통 젤 네일 폴리시 아트의 지속성을 높일 수 있다.
13. 젤 네일	1. 젤 화장물 활용하기	❶ 연습용 인조 손에 자연 네일 대용의 네일 팁을 장착할 수 있다. ❷ 연습용 인조 손을 활용하여 젤 화장물의 사용방법을 숙련할 수 있다. ❸ 연습용 인조 손을 활용하여 올바르게 네일 폼을 적용할 수 있다. ❹ 적합한 방법으로 젤 브러시를 사용할 수 있다. ❺ 네일 파일을 활용하여 젤 네일의 파일 방법을 숙련할 수 있다. ❻ 젤 램프기기를 이용하여 젤을 경화할 수 있다.
	2. 젤 원톤 스컬프처하기	❶ 젤 원톤 스컬프처를 위한 베이스 젤을 적용할 수 있다. ❷ 고객의 요구에 따라 프리에지의 길이를 연장할 수 있다. ❸ 젤 램프기기를 이용하여 인조네일을 경화할 수 있다. ❹ 고객의 요구에 따라 젤 원톤 스컬프처를 위한 두께를 조절할 수 있다. ❺ 고객의 요구에 따라 원톤 스컬프처의 형태를 조형할 수 있다.
	3. 젤 프렌치 스컬프처하기	❶ 젤 프렌치 스컬프처를 위한 베이스 젤을 적용할 수 있다. ❷ 화이트 젤로 스마일 라인을 조형할 수 있다. ❸ 고객의 요구에 따라 프리에지의 길이를 연장할 수 있다. ❹ 젤 램프기기를 이용하여 젤을 경화할 수 있다. ❺ 고객의 요구에 따라 젤 프렌치 스컬프처를 위한 두께를 조절할 수 있다. ❻ 고객의 요구에 따라 젤 프렌치 스컬프처의 형태를 조형할 수 있다.

● 국가기술자격 실기시험문제

자격 종목	과제명
미용사(네일)	전 과제 공통

※ 문제지는 시험 종료 후 반드시 반납하시기 바랍니다.

※ 수험자 유의사항

　　다음 사항을 준수하여 실기시험에 임하여 주십시오. 만약 아래 사항을 지키지 않을 경우, 시험장의 입실 및 수험에 제한을 받는 불이익이 발생할 수 있다는 점 인지하여 주시고 시험위원의 지시가 있을 경우, 다소 불편함이 있더라도 적극 협조하여 주시기 바랍니다.

❶ 수험자와 모델은 시험위원의 지시에 따라야 하며, 지정된 시간에 시험장에 입실해야 합니다.

❷ 수험자는 수험표 또는 신분증(본인임을 확인할 수 있는 사진이 부착된 증명서)을 지참해야 합니다.

❸ 수험자는 반드시 반팔 또는 긴팔 흰색 위생가운(1회용 가운 제외), 마스크(흰색), 긴 바지(색상, 소재 무관)를 착용하여야 하며, 복장에 소속을 나타내거나 암시하는 표식이 없어야 합니다.

❹ 수험자 및 모델(사전 컬러링을 제외한)은 눈에 보이는 표식(예 네일 컬러링(자연손톱 색 외), 디자인, 손톱장식 등)이 없어야 하며, 표식이 될 수 있는 액세서리(예 반지, 시계, 팔찌, 발찌, 목걸이, 귀걸이 등)를 착용할 수 없습니다.

❺ 수험자는 시험 중에 관리상 필요한 이동을 제외하고 지정된 자리를 이탈하거나 모델 또는 다른 수험자와 대화할 수 없습니다.

❻ 과제별 시험 시작 전 준비시간에 해당 시험 과제의 모든 준비물을 정리함(흰색 바구니)에 담아 세팅하여야 하며, 시험 중에는 도구 또는 재료를 꺼낼 수 없습니다.

❼ 지참하는 준비물은 시중에서 판매되는 제품이면 무방하며, 브랜드를 따로 지정하지 않습니다.

❽ 수험자가 도구 또는 재료에 구별을 위해 표식(스티커 등)을 만들어 붙일 수 없습니다.

❾ 수험자는 위생봉지(투명비닐)를 준비하여 쓰레기봉투로 사용할 수 있도록 작업대에 부착합니다.

❿ 수험자 또는 모델은 스톱워치나 핸드폰을 사용할 수 없습니다.

⓫ 시험 종료 후 소독제, 네일 폴리시리무버 등의 용액은 반드시 다시 가져가야 합니다(쓰레기통이나 화장실에 버릴 수 없습니다).

⓬ 수험자와 모델은 보안경 또는 안경(무색, 투명)을 지참하며 필요한 작업 시 착용해야 합니다.

⓭ 모델은 만 14세 이상의 신체 건강한 남, 여(년도 기준)로 아래의 조건에 해당하지 않아야 합니다.

　　❶ 자연손톱이 열 개가 아니거나 열 개를 모두 사용할 수 없는 자(단, 발톱은 한쪽 발 기준으로 자연 발톱이 다섯 개가 아니거나 다섯 개를 모두 사용할 수 없는 자)

　　❷ 손·발톱 미용에 제한을 받는 무좀, 염증성 손·발톱 질환을 가진 자

　　❸ 호흡기 질환, 민감성 피부, 알레르기 등이 있는 자

　　❹ 임신 중인 자

　　❺ 정신질환자

※ 수험자가 동반한 모델도 신분증을 지참하여야 하며, 공단에서 지정한 신분증을 지참하지 않은 경우, 모델로 시험에 참여가 불가능합니다.

⑭ 모델은 마스크(흰색) 및 긴 바지(색상, 소재무관), 흰색 무지 상의(소재 무관, 남방류 및 니트류 허용, 유색무늬 불가, 아이보리색 등 포함 유색 불가)를 착용해야 합니다.

⑮ 모델의 손·발톱 상태는 자연손·발톱 그대로여야 하며 손·발톱이 보수되어 있을 경우 오른손, 왼손, 오른발 각 부위별 2개까지 허용하며 자연손톱 상태로 길이 연장 등도 가능합니다(단, 오른손 3, 4지는 제외).

⑯ 모델의 오른손·발 1~5지의 손·발톱은 큐티클 정리가 충분히 가능한 상태로, 오른손 1~5지의 손톱은 스퀘어 또는 스퀘어 오프형으로 사전 준비되어야 하고 오른발 1~5지의 발톱은 라운드 또는 스퀘어 오프형으로 사전 준비되어야 하며, 오른손 1~5지와 오른발 1~5지의 손·발톱은 펄이 미 함유된 레드 네일 폴리시가 사전에 완전히 건조된 상태로 2회 이상 풀 코트로 도포되어 있어야 합니다.

⑰ 2과제 젤 매니큐어는 습식케어가 생략되므로 모델의 왼손 1~5지의 손톱은 큐티클 정리 등의 사전 준비 작업이 미리 되어 있어야 하며 손톱 프리에지 형태는 스퀘어 또는 스퀘어 오프형이어야 합니다.

⑱ 1과제 페디큐어 시 분무기를 이용하여 습식케어를 하며 신체의 손상이 있는 등 불가피한 경우, 왼발로 대체 가능합니다.

⑲ 1과제 매니큐어 작업(30분) 종료 후 감독위원의 지시에 따라 모델은 작업대 위에 앉은 후 의자에 앉아있는 수험자의 무릎에 작업 대상의 발을 올리는 자세로 페디큐어 작업(30분)을 할 수 있도록 준비해야 합니다.

⑳ 작업 시 사용되는 일회용 재료 및 도구는 반드시 새 것을 사용하고, 과제 시작 전 사용에 적합한 상태를 유지하도록 준비합니다.

※ 네일 폴리시·쏙오프 전용 리무버, 젤 클렌저, 소독제를 제외한 주요 화장품을 덜어서 가져오면 안 됩니다.
※ 네일 파일류는 폐기대상에서 제외합니다.

㉑ 출혈이 있는 경우 소독된 탈지면이나 거즈 등으로 출혈부위를 소독해야 합니다.

㉒ 작업 시 네일 주변 피부에 잔여물이 묻지 않도록 하여야 하며, 손·발 및 네일 표면과 네일 아래의 거스러미, 분진, 먼지, 불필요한 오일 등은 깨끗이 제거되어야 합니다.

㉓ 제시된 시험시간 안에 모든 작업과 마무리 및 주변 정리정돈을 끝내야 하며, 시험시간을 초과하여 작업하는 경우는 해당 과제를 0점 처리합니다.

㉔ 1과제 종료 후 2과제 시작 전 준비시간에, 기 작업된 1과제 페디큐어 작업분을 변형 혹은 제거해야 합니다.

㉕ 2과제 종료 후 3과제 준비시간에, 본부요원의 지시에 따라 인조네일 4가지 유형 중 선정된 1가지 과제의 재료만을 3과제 시작 전 미리 작업대에 준비해야 합니다.

㉖ 시험 종료 후 본부요원의 지시에 따라 왼손 1~5지 손톱에 기 작업된 2과제 젤 매니큐어 작업분과 4과제 인조네일 제거 시 제거하지 않은 오른손 3지 또는 4지 손톱의 작업분을 변형 혹은 제거한 후 퇴실하여야 합니다.

㉗ 작업에 필요한 각종 도구를 바닥에 떨어뜨리는 일이 없도록 하여야 하고, 네일 글루 등을 조심성 있게 다루어 안전사고가 발생되지 않도록 주의해야 하며, 특히 큐티클 정리 시 사용 도구(큐티클 니퍼와 큐티클 푸셔 등)를 적합한 자세와 안전한 방법으로 사용하여야 하며, 멸균 거즈를 보조용구로 사용할 수 있습니다.

㉘ 채점대상 제외 사항
  ❶ 시험의 전체과정을 응시하지 않은 경우
  ❷ 시험 도중 시험장을 무단이탈하는 경우

③ 부정한 방법으로 타인의 도움을 받거나 타인의 시험을 방해하는 경우

④ 무단으로 모델을 수험자간에 교환하는 경우

⑤ 국가기술자격법상 국가기술자격 검정에서의 부정행위 등을 하는 경우

⑥ 수험자가 위생복을 착용하지 않은 경우

⑦ 수험자 유의사항 내의 모델 부적합 조건에 해당하는 경우

㉙ 시험응시 제외 사항

모델을 데려오지 않은 경우

㉚ 득점 외 별도 감점사항

❶ 수험자 및 모델의 복장상태 및 마스크 착용 여부, 모델의 손톱 · 발톱 사전 준비상태 등 어느 하나라도 미 준비 하거나 사전준비 작업이 미흡한 경우

❷ 작업 시 출혈이 있는 경우

❸ 필요한 기구 및 재료 등을 시험 도중 꺼내는 경우

㉛ 오작 사항

❶ 요구된 과제가 아닌 다른 과제를 작업하는 경우

> 예 풀 코트 페디큐어를 프렌치로 작업하는 경우 등이 해당함

❷ 과제에서 요구된 색상이 아닌 다른 색상으로 작업하는 경우

> 예 화이트를 레드로 작업하는 경우 등이 해당함

❸ 작업부위를 바꿔서 작업하는 경우

> 예 각 과제의 작업 대상 손 및 손가락을 바꿔서 작업한 경우 등이 해당함

● 미용사(네일) 공개문제 및 지참재료 관련 FAQ vol.1

- 2023년 -

Q1. 미용사(네일) 실기시험은 과제 구성이 어떻게 됩니까?

미용사(네일) 실기시험은 실기시험 관련사항 알림에 공개된 바와 같이

1과제 [매니큐어]: ① 풀 코트 레드, ② 프렌치 화이트, ③ 딥 프렌치 화이트, ④ 그러데이션 화이트

1과제 [페디큐어]: ① 풀 코트 레드, ② 딥 프렌치 화이트, ③ 그러데이션 화이트

2과제 [젤 매니큐어]: ① 선 마블링, ② 부채꼴 마블링

3과제 [인조네일]: ① 내추럴 팁 위드 랩, ② 젤 원톤 스컬프처, ③ 아크릴 프렌치 스컬프처, ④ 네일 랩 익스텐션

4과제 [인조네일 제거]로 구성되어 시험이 시행됩니다.

세부과제로 1과제: 매니큐어 ①~④ 과제 중 한 과제 선정, 페디큐어 ①~③ 과제 중 한 과제 선정,

2과제: 젤 매니큐어 ①~② 과제 중 한 과제 선정,

3과제: 인조네일 ①~④ 과제 중 한 과제 선정,

4과제: 3과제 시 선정된 인조네일 제거의 총 네 과제로 시험 당일 각 세부 과제가 랜덤 선정되는 방식으로 진행됩니다. 공개문제 등은 수정사항이 생기는 경우 새로 등재되므로 정기적으로 확인을 하셔야 합니다.

Q2. 과제별 시험시간은 어떻게 됩니까?

시험시간은 전체 2시간 30분(순수작업시간 기준)이며, 각 과제별 시간은 1과제 60분, 2과제 35분, 3과제 40분, 4과제 15분이며 각 과제 사이에 5~10분 정도의 간격이 주어집니다.

Q3. 과제별 시험 배점은 어떻게 됩니까?

과제별 배점은 전체 100점으로, 각 과제별 배점은 1과제 40점(매니큐어 · 페디큐어 각 20점), 2과제 20점, 3과제 30점, 4과제 10점입니다.

Q4. 과제별 대상부위는 어떻게 됩니까?

각 과제별 대상부위는 1과제 오른손 1~5지 손톱 및 오른발 1~5지 발톱, 2과제 왼손 1~5지 손톱, 3과제 오른손 3, 4지 손톱, 4과제 오른손 3지 손톱입니다.

Q5. 기존의 민간 협회 등의 경우 협회에 따라 네일 관리 방법이 상당히 다르고, 업소나 사람마다 행하는 작업법이 다른 것 같은데 어떤 것을 기준으로 하게 되나요?

미용사(네일) 기능사 등급의 시험으로 네일 미용사의 업무를 행하기 위한 기본적인 동작과 작업을 보는 것이기 때문에 각 협회나 업소별 특별한 작업법을 요구하지 않습니다. 기법의 정확성, 숙련도 및 기본작업 순서, 완성상태 등을 중점으로 채점하는 것을 기본 방향으로 하고 있습니다.

Q6. 모델의 조건은 어떻게 되나요?

모델은 수험자가 대동하고 와야 하며 자신이 데려온 모델은 자신이 작업하게 됩니다. 모델은 만 14세 이상(년도 기준)의 신체 건강한 남, 여로 다음의 조건에 해당하지 않아야 합니다.

❶ 자연 손톱이 열 개가 아니거나 열 개를 모두 사용할 수 없는 자(단, 발톱은 한쪽 발 기준으로 자연 발톱이 다섯 개가 아니거나 다섯 개를 모두 사용할 수 없는 자)

❷ 손 · 발톱 미용에 제한을 받는 무좀, 염증성 손 · 발톱 질환을 가진 자

　※ 물어뜯는 손톱, 파고드는 발톱, 멍든 손 · 발톱 등은 염증성 질환이 아닌 경우 대동모델 기준으로 가능하며 별도의 감점처리 대상이 되지 않습니다.

❸ 호흡기 질환, 민감성 피부, 알레르기 등이 있는 자

❹ 임신 중인 자

❺ 정신질환자

또한, 눈에 보이는 표식이 될 수 있는 액세서리를 착용할 수 없습니다(📖 반지, 시계, 팔찌, 발찌, 목걸이, 귀걸이 등). 수험자가 동반한 모델이 공단에서 지정한 신분증을 지참하지 않은 경우, 모델로 시험에 참여가 불가능합니다. 또한 흰색(무지, 프린트 등이 되지 않은) 라운드 티셔츠와 긴 바지(색상 무관)를 착용해야 합니다.

Q7. 모델의 손·발톱 조건은 어떻게 되나요?

모델의 손·발톱 상태는 자연손·발톱 그대로여야 하며 손·발톱이 보수되어 있을 경우 오른손, 왼손, 오른발 각 부위별 2개까지 허용하며 자연손톱 상태로 길이 연장 등도 가능합니다(단, 오른손 3, 4지는 제외).
모델의 오른손·발 1~5지의 손·발톱은 큐티클 정리가 충분히 가능한 상태로, 오른손 1~5지의 손톱은 스퀘어 또는 스퀘어 오프형으로 사전 준비되어야 하고 오른발 1~5지의 발톱은 라운드 또는 스퀘어 오프형으로 사전 준비되어야 하며, 오른손 1~5지와 오른발 1~5지의 손·발톱은 펄이 미 함유된 레드 네일 폴리시가 사전에 완전히 건조된 상태로 2회 이상 풀 코트로 도포되어 있어야 합니다(단, 2과제 젤 매니큐어 과제는 습식케어가 생략되므로 모델의 왼손 1~5지의 손톱은 큐티클 정리의 사전 작업이 필요합니다. 사전 손톱 프리에지 형태는 스퀘어 또는 스퀘어 오프형이어야 하며, 사전에 라운드형의 네일 파일링은 금합니다).

Q8. 수험자와 모델이 착용하는 마스크 및 긴 바지의 특별한 제한이 없나요?

수험자와 모델이 착용하는 마스크는 흰색이어야 하며, 시중에서 판매되고 있는 흰색이나 푸른빛이 도는 일회용 마스크도 가능합니다. 긴 바지는 위생상태가 양호한 것으로 색상 및 소재에 특별한 제한은 없습니다.

Q9. 멸균거즈는 어떻게 준비하고 또 사용 용도는 어떤가요?

시중의 약국 등에서 판매되는 제품을 사용하면 되며, 마른 상태로 사용하셔도 되고, 물이나 에탄올 등을 적신 상태로 이용 가능합니다. 작업 전반에서 젖은 상태의 기구나 손의 물기를 닦고 네일 폴리시의 병 입구를 닦는 용도, 마무리 시 큐티클 주변 등의 네일 거스러미를 제거하는 등

의 다양한 용도로 사용 가능합니다.

Q10. 소독제는 어떻게 준비하나요?

펌프식 혹은 스프레이식 용기 등에 에탄올 등의 소독제를 넣어 오시면 되고 이것은 화장품, 기구 혹은 손 등의 소독 시에 사용됩니다. 그리고 스프레이식을 사용하여 소독하는 것에 대한 감점 등의 사항은 없습니다.

Q11. 화장품은 어떤 형태로 가져와야 합니까?

화장품은 판매되는 제품으로 가져오시면 되고, 사용하시던 것도 무방하지만 덜어 오시는 것은 불가합니다. 단 지참재료 목록상의, 용기가 언급되어 있는 소독제나 디스펜서가 포함되는 '네일 폴리시리무버, 쏙 오프 리무버, 젤 클렌저'의 경우 용기에 담겨진 형태로 덜어서 지참이 가능합니다(별도의 레이블링 작업이 불가함으로 용기의 형태 등으로 구분 요함).

Q12. 시판용 재료나 외국산 재료를 사용해도 되나요?

지참재료 목록상의 기구 및 화장품은 위생상태가 양호한 것으로 브랜드를 차별하지 않습니다. 같은 회사의 라인으로 통일시킬 필요도 없으며, 시판용 재료나 외국산 재료 등도 모두 사용 가능합니다. 또한, 성분에 따른 제품의 종류에 특별한 제한을 두진 않습니다.

Q13. 수건이나 손목 받침대는 제시된 규격대로만 준비해야 하나요?

지참재료 목록상의 '40×80㎝ 내외'는 시험장 작업대의 크기를 고려한 사이즈로 사이즈가 더 클 경우 본인의 작업에 불편을 초래할 수도 있으므로 공지된 규격에 맞추어 준비해오시기를 권장합니다. 또한, 손목 받침대는 반드시 흰색으로 지참하셔야 하며, 받침대 대용으로 흰색 수건도 가능하시며 흰색 수건으로 받침대를 커버처럼 덧씌어도 무방합니다.

Q14. 탈지면 용기나 보관통, 정리함(바구니)의 재질 및 색상은 어떤 것이어야 하나요?

탈지면 용기는 뚜껑이 있는 것으로 재질은 금속, 플라스틱, 유리 모두 허용됩니다. 보관통은 큐티클 푸셔, 큐티클 니퍼, 오렌지 우드스

틱, 네일 더스트 브러시를 소독액에 담가 둔 형태로 사용해야 하므로 일반적인 유리 재질 등을 권장합니다. 정리함은 과제별 시험 시작 전에 시험 과제의 모든 준비물을 정리함(바구니)에 담아 세팅하는 용도로 본인이 사용하시기에 편리한 재질로 준비하면 됩니다(단, 정리함의 색상은 반드시 흰색이어야 합니다).

Q15. 베이스&톱코트 혼용제품을 가져와도 되나요?

지참재료 목록상에 각각 구분되어 있는 베이스코트와 톱코트는 과제 채점 시, 사용 용도나 작업 순서와 관련이 되므로 각각 따로 준비하셔야 합니다.

Q16. 기타 자신이 가지고 오고 싶은 도구를 가져오는 것은 가능한가요?

공개문제 및 수험자 지참 준비물에 언급된 도구 및 재료 중 기타 실기시험에서 요구한 작업 내용에 영향을 주지 않는 범위 내에서 수험자가 네일 미용 작업에 필요하다고 생각되는 재료 및 도구 등은(예 네일 폴리시, 네일 파일류 등) 더 추가 지참할 수 있으며 물티슈의 경우 사용이 불가합니다. 기타 화장품이나 그릿 수가 다양한 네일 파일이나 호수가 다양한 브러시, 탈지면(화장솜) 및 용기, 보관통 등은 더 가져와도 됩니다(단, 공개문제 및 수험자 지참준비물에 언급된 재료 및 도구 이외에, 작업의 결과에 영향을 줄 수 있는 제3의 도구(핀칭 집게, 붓 거치대 등) 및 재료의 지참은 불가합니다).

Q17. 젤 램프기기도 필요시 더 추가 지참이 가능한가요?

젤 램프기기와 같은 기기류는 1인당 1개 지참하셔야 하며 사용하실 수 있는 콘센트도 시험장마다 차이가 있을 수 있으나 1인 1구 사용이 기준임을 양지 바랍니다. 다만, 두 개를 지참하셔서 두 가지 기기를 각 과제별로 한 대씩 나누어 사용하시는 것은 문제가 되지 않습니다. 단, 핀타입 젤 램프기기는 추가 지참 및 일반형 제품과 혼용이 가능합니다.

Q18. 소독된 일회용품 및 네일 더스트 브러시 등은 어떻게 사용하나요?

오렌지 우드스틱, 네일 더스트 브러시는 에탄올 등의 소독제 소독용기에 담가 소독한 상태로 보관하며 사용 시 멸균거즈나 페이퍼타월 등으로 물기를 제거한 후 사용합니다. 오렌지 우드스틱, 멸균거즈 등은 일회용으로 소독 후 사용 하고 난 뒤에 폐기합니다.

Q19. 일회용품들은 어떻게 사용하고 폐기하나요?

네일 파일류와 오렌지 우드스틱 등은 1과제 시 새것으로 지참해야 하며 오렌지 우드스틱, 멸균거즈 등은 사용 후 폐기합니다(단, 네일 파일류는 폐기 대상에서 제외됩니다).

Q20. 각 과제별 작업 시 시간을 확인하고 싶은데 스톱워치 등의 추가 지참이 가능한가요?

스톱워치나 손목시계 등은 지참이 불가능하시며, 작업 시간은 검정장 안에 있는 벽시계를 보시고 확인하시기 바랍니다. 또한 검정장의 본부요원 등이 시험 당일 시험 시작 5분 전후 등을 미리 안내하여 드림을 참고하시기 바랍니다.

Q21. 기존 민간자격검정과 같이 제품에 레이블링을 해도 되나요?

공지된 바와 같이 수험자가 도구 또는 재료에 구별을 위해 표식(스티커 등)을 만들어 붙일 수 없으므로 재료에 상표 이외에 별도로 레이블링을 하는 것은 표식으로 간주되어 채점 시 불이익이 있을 수 있으므로 삼가시기 바랍니다.

Q22. 기존 민간자격검정과 같이 습식케어 시 마사지나 발 각질제거 등을 해도 되나요?

공개된 1과제 요구사항에 보시면 마사지나 각질제거 등에 대한 언급은 전혀 없습니다. 요구사항이나 유의사항 이외의 불필요한 행동은 하실 필요가 없으며 오히려 채점상의 불이익이 있을 수 있으므로 삼가시기 바랍니다.

Q23. 1과제부터 4과제의 전체 재료를 한 번에 세팅하고 작업해도 되나요?

전체 재료를 한꺼번에 세팅하시면 작업대가 비좁아 과제 수행이 어렵습니다. 과제별 재료의 세팅은 시험 시작 전 전 과제를 과제별로 본인이 미리 세팅 하신 후 각 과제 시마다 세팅된 재료를 사용하시면 됩니다. 재료를 보관할 바구니 등은 본인이 직접 지참하셔야 합니다. 단

3과제의 경우 2과제 종료 후 3과제 준비시간 전에 본부요원의 지시에 따라 인조네일 3가지 유형 중 선정된 한 가지 과제의 재료만을 3과제 시작 전 미리 작업대에 준비해야 합니다.

Q24. 2과제부터 선 마블링 시 세로선을 만들 때 레드 젤 네일 폴리시와 화이트 젤 네일 폴리시의 사용 순서가 있나요?

2과제 선 마블링 시 레드 젤 네일 폴리시와 화이트 젤 네일 폴리시의 사용 순서는 어떤 것을 먼저 사용하든지 정해진 순서는 없으며 도면과 최대한 유사한 작품을, 동반한 모델의 손톱 사이즈 내에서 표현하시면 됩니다. 가로줄은 교차되는 형태로 5개의 줄을 그어 완성합니다. 개별 손톱 내에서 각 선의 간격은 균일해야 하며 단, 5지(새끼손가락)의 경우 세로선 총 6개(화이트, 레드 각 3개), 가로줄 3개로 줄여서 작업할 수 있습니다.

Q25. 네일 폴리시를 포일에 덜어서 아트 브러시를 사용하여 작업해도 되나요?

그러데이션 과제를 제외한 1과제는 기본적으로 컬러 도포 시 네일 폴리시의 브러시를 사용해야 하며, 2과제 젤 네일 폴리시 작업 시 마블링 표현 때에는 아트용 브러시(라인 브러시 등 사용 가능)를 사용할 수 있습니다. 또한, 젤 네일 폴리시를 포일에 덜어서 사용하시면 됩니다.

Q26. 2과제 젤 네일 과제 시 레드·화이트 젤 네일 폴리시의 경우 통젤 형태 제품을 지참해도 되나요?

지참재료 목록에 공지된 바와 같이 레드, 화이트 젤 네일 폴리시는 젤 네일 폴리시 형태로 지참하셔야 하며, 통젤 제품은 허용이 안 됩니다. 단, 베이스 젤과 톱 젤의 경우 통젤 형태 제품의 지참이 가능하십니다.

Q27. 3과제 인조네일 파일링 시에도 자연네일 파일링 시처럼 한 방향으로 문지르거나 비비지 말고 네일 파일링해야 하나요?

인조네일 파일링 시에 네일 파일링 방법 및 방향에는 제한을 두지 않으므로 양 방향으로 문지르거나 비비는 방식의 네일 파일링 방법도 사용이 가능합니다.

Q28. 2과제 젤 네일 과제 전 사전 준비 작업은 어떻게 되나요?

2과제 젤 매니큐어 과제는 습식케어가 생략되므로 모델의 왼손 1~5지의 손톱은 큐티클 정리 등의 사전 준비 작업이 미리 되어 있어야 하며 손톱 프리에지 형태는 스퀘어 또는 스퀘어 오프형이어야 합니다. 2과세 작업 시 요구사항에서처럼 프리에지 형태를 사전에 작업한 스퀘어 또는 스퀘어 오프형에서 라운드형으로 완성하여야 합니다.

Q29. 분무기는 어떻게 사용하나요?

1과제 페디큐어 시 보온통의 미온수를 분무기에 담아 분무기를 이용하여 습식케어를 하며, 탈지면이나 멸균거즈를 물에 적신 상태로 사용하고자 할 때 등에 사용 가능합니다.

Q30. 1과제 시 매니큐어 작업 후에 페디큐어 작업은 어떻게 하나요?

1과제 매니큐어 작업(30분) 종료 후 감독위원의 지시에 따라 모델은 작업대 위에 앉은 후 의자에 앉아있는 수험자의 무릎에 작업대상의 발을 올리는 자세로 페디큐어 작업(30분)을 바로 할 수 있도록 준비합니다. 그 후 감독위원의 지시에 따라 페디큐어 작업(30분)을 시작하시면 됩니다.

Q31. 작업 시 출혈이 나면 어떻게 해야 하나요?

작업 시 출혈이 있을 경우, 소독된 탈지면이나 거즈 등으로 출혈 부위를 소독한 후 작업해서야 하며 작업 시 출혈이 발생할 경우 해당 과제에서 감점대상이 되심을 참고하기 바랍니다.

Q32. 수험자나 모델의 손에 작은 타투가 있는데 시험 응시에 제한이 되나요?

공지된 바와 같이 수험자 및 모델은 (사전 컬러링을 제외한) 눈에 보이는 표식이 없어야 하며 (예 네일 컬러링(자연손톱 색 외), 디자인, 손톱장식 등) 문신이나 헤너를 한 경우에는 별도의 감점 없이 응시 가능합니다.

Q33. 작업 시 손톱 주변에 네일 폴리시 등이 묻었을 때 어떻게 해야 하나요?

지참재료 목록상의 오렌지 우드스틱에 탈지면

을 말아 에탄올이나 네일 폴리시리무버를 묻혀 사용하시거나 멸균거즈를 손가락 등에 끼운 상태로 네일 폴리시리무버를 묻혀 사용하시면 되며, 지참재료 목록상에 없는 면봉은 사용 불가합니다.

Q34. 손톱 리페어 시 길이 연장을 해도 되나요?

손·발톱이 보수되어 있을 경우 오른손, 왼손, 오른발 각 부위별 2개까지 허용되며, 리페어의 범위는 찢어진 손톱 등의 보수 및 자연네일 상

태가 되도록 손톱 자체의 길이 연장(실크, 아크릴 등)을 하는 것까지 가능합니다.

Q35. 3과제 시작 전 1과제에 작업한 1~5지 네일 폴리시를 미리 지워야 하나요?

1과제 시 작업했던 오른손 1~5지의 네일 폴리시 제거는 3과제의 과제시간 내에 제거하므로 사전에 미리 제거하면 안 됩니다. 프리에지 셰이프 등은 작업 범위인 3, 4지에만 작업하시면 됩니다.

●미용사(네일) 공개문제 및 지참재료 관련 FAQ vol.2

– 2023년 –

Q1. 2과제 선 마블링 젤 매니큐어 시 레드 젤 네일 폴리시로 프렌치 1코트를 먼저 해야 하나요? 또, 가로줄 5개는 어떻게 작업하나요?

베이스코트 도포 후 공개문제의 요구사항과 도면에 제시한 바와 같이 화이트와 레드 줄무늬가 교대로 완성된 세로선을 연출하신 후 가로줄을 그어주시면 되며, 채점사항과 관계없는 프렌치 1코트의 사전 도포는, 수험자에 따라 개인적인 작업방식의 차이로 반드시 해야 하는 요구사항은 아닙니다. 또한, 가로줄은 도면과 같이 완만한 스마일 라인이 연출되도록 마지막 프렌치 라인까지 포함하여 총 5개입니다.

Q2. 1과제 시 작업했던 네일 폴리시는 3과제 시작 전에 미리 지우면 안 되나요?

왼손에 작업을 마치신 2과제 후에는 쉬는 시간 내에 4가지 중 1개가 선정될 예정인 3과제의 모든 준비를 마치셔야 하므로 시험장 환경이 매우 번잡하고, 개인에 따라 정리와 사전 작업까지에는 주어진 시간이 부족할 수 있어 원활한 시험 진행을 고려하여 구성된 사항입니다. 3과제 준비를 마치신 후 공개문제의 요구사항에 제시된 바와 같이 3과제 시작 후에 1교시에 작업한 1~5지 손톱의 컬러를 지우신 후 인조네일 과제의 작업을 수행하시면 됩니다.

Q3. 3과제 인조네일 과제 시 네일 파일링을 오른손 1~5지 손톱에 다해야 하나요?

3교시의 대상 범위는 오른손 3, 4지에 국한이 되므로 위생 상태에 위배되지 않는 기준에서 1~5지 손톱의 컬러를 제거해주시면 되며, 조형 등 이후 모든 작업은 오른손 3, 4지에만 작업해주시면 됩니다. 그리고 1교시 때 습식케어를 마치셨더라도 3교시 작업 전후로 관리가 더 필요한 경우에는 완성도를 높이기 위해 새로 일어난 손톱 옆 거스러미 등을 필요시 제거하실 수 있습니다.

Q4. 위생복 지참 시 1회용 가운을 입고 오거나 반팔 위생복 안에 긴팔 셔츠 등을 입고 와도 되나요?

일회용 위생복의 경우는 착용 시 일반 위생복과 눈에 띄게 구별되는 점이 있으며, 이러한 경우 표식으로 간주되어 수험자가 불이익을 당하실 수 있으므로 불가합니다. 수험자 지참목록 등의 사항은 특별한 언급이 없는 한 일반적인 경우 혹은 일반적인 제품을 의미합니다. 또한 반팔의 위생복 안에는 반팔의 상의를 입는 것이 일반적이며 유사 종목인 미용사(일반, 피부) 시험도 동일한 기준을 적용하고 있습니다. 위생복 안에 입으시는 개인 상의의 색상에는 제한이 없습니다. 부

득이한 사정으로 반팔의 상의 안에 긴팔을 입으실 경우에는 반팔 위생복 안으로 상의를 접는 등 밖으로 보이지 않도록 하시기 바랍니다.

Q5. 일회용품 및 네일 더스트 브러시 등 매번 사용 시 마다 소독용기에 담가서 보관해야 하나요?

기 공지된 바와 같이 큐티클 니퍼, 큐티클 푸셔, 오렌지 우드스틱, 네일 더스트 브러시 등은 각 과제 시작 시마다 에탄올 소독용기에 담가진 상태로 보관하며 사용 시 멸균거즈 등으로 물기를 제거한 후 사용해야 합니다. 단 각 과제 내에서 최초 소독 후 모델에 닿는 사용 부위가 오염이 되었거나 출혈이 있는 경우에는 다시 소독을 하여 사용해야 하며, 그 외에는 소독된 부위가 청결하게 유지될 수 있도록 하면 각 과제 내에서 매번 소독하실 필요는 없으며, 필요시 소독액에 다시 담가 사용해도 무관합니다.

Q6. 각 과제 종료 후 준비시간은 어느 정도 부여되나요?

1교시, 2교시 각 과제 종료 후 다음 과제의 준비를 위해 약 10~15분 정도의 준비시간이 부여되며, 3과제 종료 후에는 약 5분 정도의 준비시간이 부여됩니다. 각 시험장의 환경 및 일정에 따라 조정될 수 있습니다.

Q7. 화장솜, 멸균거즈, 스펀지 등을 작업하기 편하도록 잘라오거나 오렌지 우드스틱에 솜을 미리 말아 준비해서 와도 되나요?

탈지면(화장솜), 멸균거즈, 스펀지, 페이퍼타월 등은 사용하기 편리하도록 미리 잘라 보관통 등에 별도로 준비해오셔도 됩니다. 단, 에탄올 소독용기에 담가 소독한 상태로 보관하는 오렌지 우드스틱은 미리 솜을 말아 준비해오시면 안 되며, 소독용기에 담아 소독 후 물기를 제거한 후 탈지면 등을 말아 사용하셔야 하며, 페이퍼타월은 기구 소독이나 재료의 세팅, 브러시 등의 잔여물을 닦는 용도로 사용하셔야 합니다.

Q8. 보안경을 1~4과제 시까지 모두 착용해야 하나요?

수험자와 모델은 보안경을 3과제 인조네일 과제 작업 시에 착용하시면 되며, 기 공지된 바와 같이 안경으로 대체가 가능합니다.

Q9. 3과제 인조네일 및 4과제 인조네일 제거 시 네일 클리퍼를 사용해도 되나요?

3, 4과제 인조네일 조형 및 제거 시 네일 클리퍼의 혼용은 가능합니다.

Q10. 시험 당일 시험 시작 전에 1~4교시 선정되는 과제를 미리 알 수 있나요?

기 공지된 바와 같이 시험 당일 각 시험장 별로 세부과제가 랜덤 선정되는 방식으로 선정되며, 각 교시별 시험 시작 직접에 본부요원이나 시험 감독 등이 선정된 과제를 안내하므로 시작 전에는 알 수 없습니다.

Q11. 페디큐어 작업 시 모델이 작업대 위에 앉은 후 수험자의 무릎에 발을 올리지 않고 책상 위에 올리는 자세로 작업해도 되나요?

기 공지된 바와 같이 1과제 매니큐어 작업(30분) 종료 후 감독위원의 지시에 따라 모델은 작업대 위에 앉은 후 의자에 앉아있는 수험자의 무릎에 작업 대상 발을 올리는 자세로 페디큐어 작업을 실시해야 합니다. 다만, 모델의 발을 지탱하기 위한 보조 도구로 필요시에 발판(흰색), 수건(흰색), 쿠션(흰색), 박스 등을 흰색 수건이나 종이 등으로 싸오는 경우 등도 가능하며 모델의 발을 책상에 올리는 자세로 작업이 불가합니다.

※ 지참 준비물 등은 문제의 변경이나 기타 다른 사유로 수량 및 품목 등이 변경될 수도 있으니 정기적인 확인을 부탁드립니다.

※ 기타 세부 사항은 본 공단 홈페이지(q-net.or.kr)의 「고객지원 – 자료실 – 공개문제」에 공개되어 있는 내용을 참고하시기 바랍니다.

공지되는 FAQ는 시험 준비를 앞둔 수험자들의 편의를 도모하기 위해 수험자의 빈번한 문의사항에 대한 답변을 정리한 것이며, 해당 내용은 관련 분야 전문가로 구성된 전문가 회의 및 자문을 통해 결정된 사항에 대한 설명으로 시험 준비 시에 참고하시기 바랍니다.

01 수험자 준비사항

1. 수험자와 모델 복장

구분	수험자	모델
참고 사진	수험표 및 신분증 지참	신분증 지참
지참 목록	신분증 및 수험표	신분증
상의 복장	흰색 위생 가운(반팔 또는 긴팔, 1회용 가운불가)	흰색 무지 상의(소재 무관, 남방류 및 니트류 허용, 유색 무늬 불가, 아이보리색 등 포함 유색 불가)
하의 복장	긴 바지(색상, 소재 무관)	긴 바지(색상, 소재 무관)
착용 필수	흰색 마스크(전 과제), 무색, 투명한 보안경 또는 안경(3과제)	흰색 마스크(전 과제), 무색, 투명한 보안경 또는 안경(3과제)
착용 가능	머리카락 고정용품	머리카락 고정용품
착용 금지	액세서리, 눈에 보이는 표식	액세서리, 눈에 보이는 표식

※ 신분증 인정범위 : 주민등록증, 여권, 외국인등록증, 학생증(미성년의 경우) 등

2. 모델의 사전 손톱, 발톱

- 셰이프: 스퀘어 형태
- 큐티클: 정리가 되어 있지 않은 상태
- 컬러링: 레드 네일 폴리시가 풀 코트로 도포된 상태

오른손

＊오른손 3, 4지는 제외하고 2개까지 보수 허용

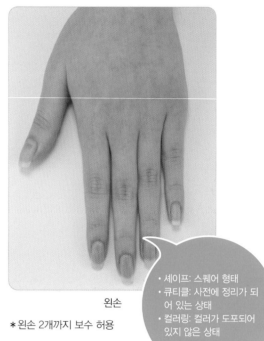

- 셰이프: 스퀘어 형태
- 큐티클: 사전에 정리가 되어 있는 상태
- 컬러링: 컬러가 도포되어 있지 않은 상태

왼손

＊왼손 2개까지 보수 허용

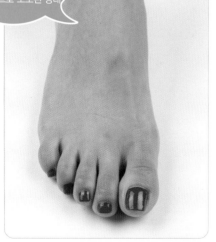

- 셰이프: 사전에 스퀘어 형태로 정리되어 있지 않은 상태
- 큐티클: 정리가 되어 있지 않은 상태
- 컬러링: 레드 네일 폴리시가 풀 코트로 도포된 상태

오른발

＊오른발 2개까지 보수 허용

작업하지 않음
(불가피한 경우에는
왼발로 대체 가능)

왼발

3. 모델 선택 시 고려사항

- 실기시험에서 모델의 손과 손톱은 시험의 합격 여부를 좌우할 정도로 중요하다.
- 체크 항목을 잘 숙지하여 적절한 모델을 선정해야 한다.

바른 예(O)

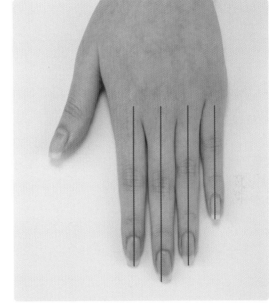

❶ 손가락이 길고 가늘며 일직선인 모델

잘못된 예(X)

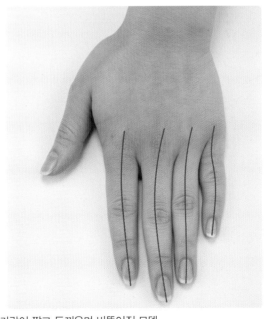

❶ 손가락이 짧고 두꺼우며 비뚤어진 모델

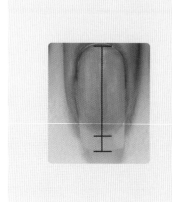

❷ 네일 보디: 1.2~1.4cm
프리에지: 0.2~0.4cm
손톱 전체: 1.4~1.8cm
＊스퀘어 또는 스퀘어 오프 형태

❸ 사이드 라인: 일직선 손톱
옐로 라인: 깊지 않은 손톱
＊손톱 옆에 살이 없는 모델

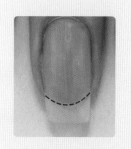

❹ 손톱 옆면의 곡선이 자연스러운 모델

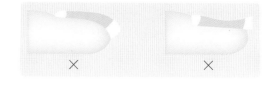

❺ 프리에지의 곡선이 C 형태로 자연스러운 모델

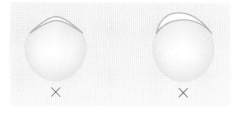

02 실기시험 재료목록

1. 수험자 지참 재료

※ 공개문제 및 수험자 지참 준비물에 언급된 도구 및 재료 중 기타 실기시험에서 요구한 작업 내용에 영향을
주지 않는 범위 내에서 수험자가 네일 미용 작업에 필요하다고 생각되는 재료 및 도구 등은 추가로 지참
가능(예 네일 폴리시, 네일 파일류, 네일 전 처리제 등)

※ 작업의 결과에 영향을 줄 수 있거나 위생적으로 검증이 어려운 도구 및 재료는 지참 불가(예 핀칭 집게, 브러
시 거치대, 면봉, 물티슈 등)

※ 수험자 또는 모델은 스톱워치나 핸드폰을 사용할 수 없으며, 수험자가 도구 또는 재료에 구별을 위해 표식
(스티커 등)을 만들어 붙일 수 없음

※ 네일 폴리시리무버, 쏙 오프 전용 리무버, 젤 클렌저, 소독제를 제외한 주요 화장품을 덜어서 가져올 수
없음

※ 베이스코트와 톱코트는 과제 채점 시 사용 용도나 작업 순서와 관련이 되므로 각각 따로 준비해야 함

※ 레드와 화이트 네일 폴리시 및 젤 네일 폴리시는 펄이 첨가되지 않은 순수 컬러를 사용해야 함

※ 레드와 화이트 젤 네일 폴리시는 젤 네일 폴리시 형태로 지참해야 하며, 통젤 제품은 허용이 안 되며, 베이
스 젤과 톱 젤의 경우에는 통젤 형태 제품의 지참이 가능

※ 수건의 경우는 비슷한 크기이면 무방하며, 모델의 발을 지탱하기 위한 보조 도구로 필요시에는 발판(흰색),
수건(흰색), 쿠션(흰색), 박스 등을 흰색 수건이나 종이 등으로 싸오는 경우 등도 가능

※ 네일 팁 사양
  - 사용 가능한 네일 팁: 내추럴 하프 웰 팁(스퀘어)으로 웰 선이 있는 형
  - 사용 불가능한 네일 팁: 웰 선이 없는 형, 하프 팁이 아닌 풀 팁형 등

※ 핀타입 젤 램프기기는 추가 지참 및 혼용이 가능함

2. 수험자 지참 재료 세부사항

흰색 위생가운 (반팔 또는 긴팔, 1회용 가운 불가)	투명한 렌즈의 보안경 (안경으로 대체 가능)	흰색 정리함(바구니) (20×30cm 정도)
흰색 손목 받침대 또는 흰색 수건	흰색 수건 (40×80cm 내외 정도)	흰색 페이퍼타월
투명 위생봉지 + 접착용 테이프	알루미늄 포일 (8×8cm 이하 정도)	흰색 마스크
멸균거즈 + 용기	탈지면(화장솜) + 뚜껑이 있는 용기 *大: 소독용, 小: 제거용	스펀지 + 용기
핑거볼 + 보온병 (미온수 포함)	분무기	소독제 (액상 또는 젤)

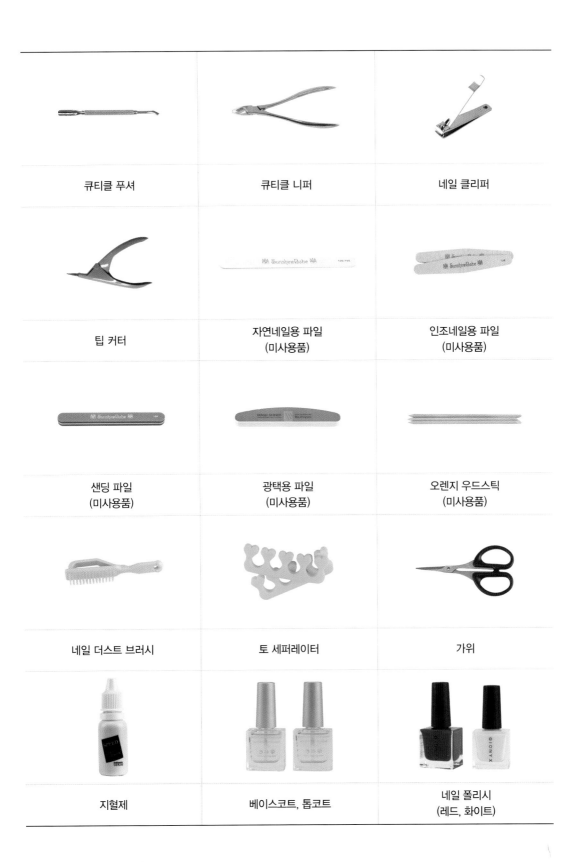

큐티클 푸셔	큐티클 니퍼	네일 클리퍼
팁 커터	자연네일용 파일 (미사용품)	인조네일용 파일 (미사용품)
샌딩 파일 (미사용품)	광택용 파일 (미사용품)	오렌지 우드스틱 (미사용품)
네일 더스트 브러시	토 세퍼레이터	가위
지혈제	베이스코트, 톱코트	네일 폴리시 (레드, 화이트)

투명 네일 접착제 (스틱 글루, 브러시 글루)	경화 촉진제 (글루 드라이어)	필러 파우더
네일 팁 (내추럴 하프 웰 스퀘어 팁)	네일 랩 (실크, 재단하지 않은 상태)	아크릴 리퀴드
네일 폼 (재단하지 않은 상태)	아크릴 파우더 (클리어 또는 핑크)	아크릴 파우더 (화이트)
다펜디시	아크릴 브러시	젤 램프기기 (UV 또는 LED 등)
젤 브러시, 젤 아트용 세필 브러시	젤 (클리어)	젤 클렌저 (디스펜서 가능)

네일 폴리시리무버 (디스펜서 가능)	아세톤 또는 쏙 오프 전용 리무버 (디스펜서 가능)	베이스 젤, 톱 젤 (통젤 가능)
젤 네일 폴리시 (레드, 화이트)	에탄올 + 소독용기	*선택사항: 핀칭 봉
*선택사항: 전 처리제 (네일 프라이머, 젤 본더)	*선택사항: 큐티클 연화제 (큐티클 오일 · 크림 · 리무버 등)	

＊지참 불가 재료: 핀칭 집게, 면봉, 브러시 거치대, 물티슈

차 례

- 저자 소개
- 이 책의 강점 4
- 시험 소개
- 실기 출제기준
- 수험자 유의사항
- 미용사(네일) FAQ
- 수험자 준비사항 및 실기시험 재료목록

I [제1과제]
매니큐어 및 페디큐어

[제2과제]
젤 매니큐어

[제3과제]
인조네일

[제4과제]
인조네일 제거

사소한 것에 목숨을 걸기에는
인생이 너무 짧고,
하찮은 것에 기쁨을 빼앗기기에는
오늘이 소중합니다.

– 조정민, 『인생은 선물이다』, 두란노

I

[제1과제]

매니큐어 및 페디큐어

Nailist

매니큐어 및 페디큐어

1. 1과제 매니큐어 및 페디큐어 준비사항

(1) 수험자 및 모델 준비

- 흰색 위생가운 착용
- 마스크 착용
- 청결한 손

수험자

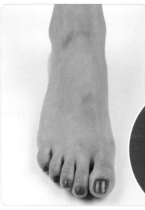

- 마스크 착용
- 스퀘어 또는 스퀘어 오프 형태의 손톱
- 사전에 스퀘어 형태로 정리 되어 있지 않은 발톱
- 큐티클 정리가 되어 있지 않은 상태
- 레드 네일 폴리시가 풀 코트로 도포된 상태

모델(오른손, 오른발)

(2) 매니큐어 및 페디큐어 작업대 준비

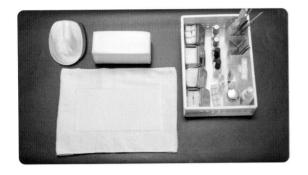

준비물

수건, 손목 받침대, 페이퍼타월, 핑거볼,
위생봉지(투명 테이프), 재료 정리함

❶ 작업대를 소독제로 소독한 후 위생 처리된 수건을 펼쳐 정리한다.

❷ 수건 위에 페이퍼타월을 올려 놓는다. ❸ 손목 받침대를 모델 앞에 놓는다.

❹ 수험자의 오른쪽 작업대에 위생봉지를 부착한다. ❺ 재료 정리함을 오른쪽에 놓는다.

❻ 핑거볼에 미온수를 채우고 모델의 오른손을 바로 넣을 수 있게 방향을 맞추어 놓는다.

(3) 매니큐어 및 페디큐어 정리함 준비

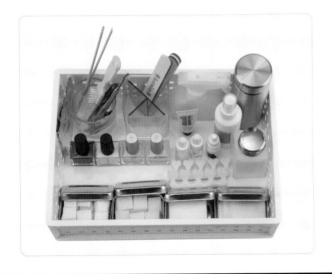

준비물

- 소독용기(에탄올)
  큐티클 니퍼, 큐티클 푸셔, 네일 클리
  퍼, 네일 더스트 브러시, 오렌지 우드
  스틱
- 용기
  탈지면 大(소독용), 小(제거용), 스펀지,
  멸균거즈
- 파일 꽂이
  자연네일용 파일, 샌딩 파일
- 정리함
  네일 폴리시(레드, 화이트), 톱코트, 베
  이스코트, 소독제, 네일 폴리시리무버
  (디스펜서), 지혈제, 토 세퍼레이터, 분
  무기, 보온병
  ＊선택사항: 큐티클 연화제

❶ 1과제(매니큐어 및 페디큐어)에 필요한 모든 재료를 정리함 안에 세팅한다.

❷ 작업 시 사용되는 일회용 재료는 반드시 새 것을 사용한다.

❸ 파일 꽂이에 자연네일용 파일, 샌딩 파일을 세워 둔다.

❹ 소독용기 바닥에 탈지면을 2장 깔고 에탄올을 2/3 이상 넣고 큐티클 니퍼, 큐티클 푸셔, 네일 클리퍼, 네일 더스트
  브러시, 오렌지 우드스틱을 담가 둔다.

❺ 네일 폴리시리무버는 사용이 용이하도록 사전에 디스펜서에 담아서 준비한다.

❻ 뚜껑이 있는 용기에 탈지면(大, 小), 스펀지, 멸균거즈를 넣어 둔다.

❼ 보온병과 분무기 안에 미온수를 넣어 둔다.

2. 자연네일 파일 방법

(1) 매니큐어 라운드 셰이프

[라운드 셰이프]

스트레스 포인트에서부터 프리에지까지 직선이 존재하고 끝부분은 라운드 형태를 이루어야 하며, 프리에지의 어느 곳에서도 각이 없는 상태

(2) 라운드 셰이프 네일 파일 방법

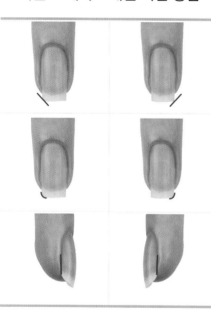

❶ 큐티클 라인 중심에 맞추어 자연스러운 원형을 생각하며 왼쪽 스퀘어의 각을 제거한다.

❷ 왼쪽과 같은 모양으로 오른쪽 스퀘어의 각을 제거한다.

❸ 왼쪽의 제거한 각을 부드럽게 연결한다.

❹ 오른쪽도 같은 방법으로 제거한 각을 부드럽게 연결한다.

❺ 손톱을 옆으로 돌려 왼쪽 코너에 생긴 각을 부드럽게 연결한다.

❻ 반대편의 손톱도 옆으로 돌려, 오른쪽 코너에 생긴 각을 부드럽게 연결한다.

(3) 페디큐어 스퀘어 셰이프

[스퀘어 셰이프]
스트레스 포인트에서부터 프리에지까지 직선이 존재하고, 끝부분은 직선의 형태(스퀘어)를 이루어야 하며, 각이 있는 모서리가 존재하는 상태

(4) 스퀘어 셰이프 네일 파일 방법

❶ 발톱의 왼쪽 사이드 라인을 일직선이 되도록 네일 파일링한다.

❷ 발톱의 오른쪽 사이드 라인을 일직선이 되도록 네일 파일링한다.

❸ 정면에서 보았을 때 일직선이 되도록 네일 파일링한다.

💡 매니큐어 01~04 세부과제 중 시험 당일에 한 과제 랜덤 선정

매니큐어 실기시험 규정 ●─────────────────

1. 요구사항

❶ 수험자의 손 및 모델의 손과 손톱을 소독한다.
❷ 모델의 오른손에 도포되어 있는 네일 폴리시를 제거한다.
❸ 모델의 오른손에 핑거볼을 이용한 습식 매니큐어를 한다.
❹ 손톱 프리에지의 형태를 라운드로 조형한다.
❺ 큐티클 푸셔나 오렌지 우드스틱을 사용하여 큐티클을 밀어 준다.
❻ 큐티클 니퍼를 사용하여 불필요한 손 거스러미를 정리한다.
❼ 프리에지 단면의 앞 선까지 컬러를 모두 도포한다.

01. 풀 코트 레드	• 레드 네일 폴리시를 사용하여 오른손 1~5지 손톱에 풀 코트로 완성한다. • 베이스코트 1회 – 레드 네일 폴리시 2회 – 톱코트 1회로 완성한다.
02. 프렌치 화이트	• 화이트 네일 폴리시를 사용하여 오른손 1~5지 손톱에 프렌치로 완성한다. • 베이스코트 1회 – 화이트 네일 폴리시 2회 – 톱코트 1회로 완성한다. ＊프렌치 라인의 상하 너비 3~5mm의 스마일 라인이어야 함
03. 딥 프렌치 화이트	• 화이트 네일 폴리시를 사용하여 오른손 1~5지 손톱에 딥 프렌치로 완성한다. • 베이스코트 1회 – 화이트 네일 폴리시 2회 – 톱코트 1회로 완성한다. ＊딥 프렌치 라인은 손톱의 1/2 이상. 반월 부분은 넘지 않아야 함
04. 그러데이션 화이트	• 화이트 네일 폴리시를 사용하여 오른손 1~5지 손톱에 스펀지를 이용하여 그러데이션으로 완성한다. • 베이스코트 1회 – 화이트 네일 폴리시 도포 – 톱코트 1회로 완성한다. ＊그러데이션의 범위는 손톱의 1/2 이상. 반월 부분은 넘지 않아야 함

2. 수험자 유의사항

❶ 모델의 손톱 준비상태는 스퀘어 또는 스퀘어 오프 형태로 레드 네일 폴리시가 풀 코트로 도포되어 있어야 한다.
❷ 자연네일 파일링 시 비비지 말고 한 방향으로 네일 파일링해야 한다.
❸ 프리에지의 길이는 옐로 라인의 중심에서 5mm 이내의 길이로 일정하게 한다.
❹ 큐티클 연화제, 멸균거즈는 적절히 사용할 수 있다.
❺ 톱코트 도포 후 마무리 시, 오일을 사용해서는 안 된다.
❻ 그러데이션을 제외한 컬러 도포 시 네일 폴리시의 브러시를 사용해야 한다.
❼ 큐티클 니퍼, 큐티클 푸셔, 네일 클리퍼, 네일 더스트 브러시, 오렌지 우드스틱은 에탄올 소독용기에 담가 두어야 한다.
❽ 제시된 시험시간 안에 모든 작업과 마무리 및 주변 정리정돈을 끝내야 한다.

셰이프	대상부위	시간	배점
라운드	오른손 1~5지 손톱	30분	20점

세부 과제	01. 풀 코트 레드	
	02. 프렌치 화이트	
	03. 딥 프렌치 화이트	
	04. 그러데이션 화이트	

풀 코트 레드

본 교재에 수록된 모든 작업사진은 수험자의 시선으로 구성하였다.

1 작업과정 쏙 한눈에 보기

시간: 30분

❶ 수험자 손 소독하기

❷ 모델 오른손 및 손톱 소독하기

❸ 네일 폴리시 제거하기

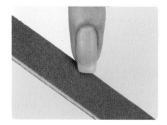
❹ 라운드 형태 조형하기

❺ 표면 정리하기

❻ 분진 제거하기

10분 내외

❼ 큐티클 불리기

❽ 큐티클 연화제 사용하기

❾ 큐티클 밀어 올리기

❿ 큐티클 정리하기

⓫ 큐티클 주변 소독하기

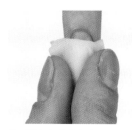
⓬ 유분기 제거하기

20분 내외

⓭ 베이스코트 1회 도포하기

⓮ 레드 네일 폴리시 1회 도포하여
　　풀 코트하기

⓯ 레드 네일 폴리시 2회 도포하여
　　풀 코트하기

⓰ 톱코트 1회 도포하기

⓱ 수정하기

⓲ 작업대 정리하기

⏰ 30분 종료

소독제

❶ 소독제를 탈지면에 분사하여 수험자의 양 손을 소독한다.

❷ 소독제를 탈지면에 분사하여 모델의 오른손 및 손톱을 소독한다.
(팔목부터 프리에지 방향으로 손등과 손바닥, 손가락 사이, 손톱을 소독)

 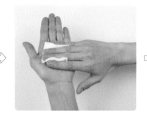 

네일 폴리시리무버

❸ 네일 폴리시리무버를 탈지면에 적셔 모델의 오른손 1~5지에 도포되어 있는 네일 폴리시를 제거한다.

💡 제거하는 손가락의 순서는 상관이 없으나 탈지면을 전부 몰려두면 안 된다!

자연네일용 파일

❹ 자연네일용 파일을 사용하여 모델의 오른손을 라운드 형태로 조형한다. 손톱 프리에지 중앙을 중심으로, 한 방향으로 네일 파일링해야 한다.

＊자연네일의 길이: 옐로 라인의 중심에서 5mm 이내

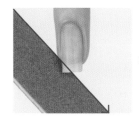 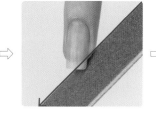 

샌딩 파일	❺ 샌딩 파일을 사용하여 손톱의 표면을 부드럽게 정리한다.	
네일 더스트 브러시	❻ 멸균거즈를 사용하여 네일 더스트 브러시의 물기를 완전 히 제거한다. 물기가 제거된 네일 더스트 브러시를 사용 하여 손톱 주변의 분진을 제거한다.	
핑거볼	❼ 미온수가 담겨 있는 핑거볼에 모델의 손을 담가서 큐티 클을 불려 준다. 일정 시간이 경과한 후 모델의 손을 꺼 내고 멸균거즈를 사용하여 물기를 제거한다.	
큐티클 연화제	❽ 큐티클 연화제(큐티클 리무버, 큐티클 오일, 큐티클 크림 등)를 선택사항으로 사용하여 큐티클 정리를 할 수 있다.	
큐티클 푸셔	❾ 큐티클 푸셔를 45° 각도로 사용 하여 큐티클을 밀어 올려 준다.	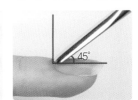
큐티클 니퍼	❿ 큐티클 니퍼의 날이 손톱 표면을 손상시키지 않도록 큐티클 니퍼를 들어 올리지 않고 뒤로 빼듯이 조심스럽 게 불필요한 큐티클을 정리한다.	
소독제	⓫ 소독제를 탈지면에 분사하여 모델의 큐티클 주변을 반드시 소독한다. 이후 멸균거즈에 분무기를 분사하여 손 전체 를 닦아 줄 수 있다.	

네일 폴리시리무버	⓬ 네일 폴리시리무버를 탈지면에 적셔 손톱의 유분기를 제 거한다. 오렌지 우드스틱을 사용하여 손톱 표면의 유분기 를 제거하고 손톱 아래 잔여물을 제거한다.	
베이스코트	⓭ 브러시 끝부분을 사용하여 프리에지에 베이 스코트를 도포한 후 손톱 전체에 1회 도포 한다.	 

레드 네일 폴리시	⓮ ~ ⓯ 레드 네일 폴리시를 사용하여 손톱 전체를 2회 풀 코트한다. [풀 코트 컬러링 순서]  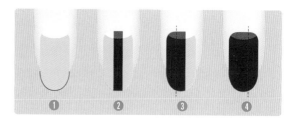 [풀 코트 컬러링 방법] ❶ 네일 폴리시 브러시의 끝부분을 사용하여 프리에지에 레드 네일 폴리시를 도포한다. ❷ 큐티클 중앙 라인에 맞추어서 손톱의 가운데 부분에 레드 네일 폴리시를 45° 각도로 도포한다. ❸ 큐티클 왼쪽 사이드 라인에 맞추어서 손톱의 왼쪽 부분에 레드 네일 폴리시를 45° 각 도로 도포한다. ❹ 큐티클 오른쪽 사이드 라인에 맞추어서 손톱의 오른쪽 부분에 레드 네일 폴리시를 45° 각도로 도포한다. 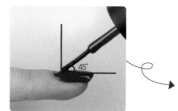 45°　　　　➝ 풀 코트 컬러링 시 브러시 각도

톱코트	❶❻ 브러시 끝부분을 사용하여 프리에지에 톱 코트를 도포한 후 손톱 전체에 1회 도포한다. 🔅 톱코트 도포 후 오일 사용 금지!	
오렌지 우드스틱	❶❼ 오렌지 우드스틱에 탈지면을 감고 네일 폴리시리무버를 적셔 손톱 주변에 묻은 네일 폴리시를 수정한다.	
작업대	❶❽ 사용한 페이퍼타월과 쓰레기를 모두 위생봉지에 버린다. 사용한 재료와 도구를 원위치에 두어 정리하고 뚜껑을 모두 닫는다. 작업대를 깨끗이 정리하고 감독위원을 기다린다.	

3 작업과정 쏙 점검하기

손 소독(수험자, 모델) ⇨ 네일 폴리시 제거 ⇨ 라운드 형태 ⇨ 표면 정리 ⇨ 분진 제거 ⇨ 큐티클 불리기 ⇨ 큐티클 밀기 ⇨ 큐티클 정리 ⇨ 소독 ⇨ 유분기 제거 ⇨ 베이스코트 1회 도포 ⇨ 레드 네일 폴리시 풀 코트 2회 도포 ⇨ 톱코트 1회 도포 ⇨ 수정 ⇨ 작업대 정리

4 완성!

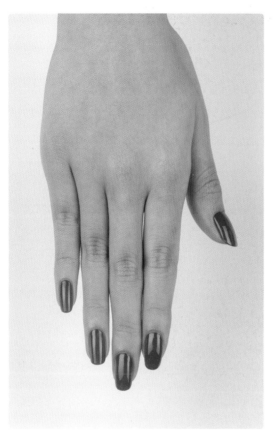

풀 코트 레드 정면

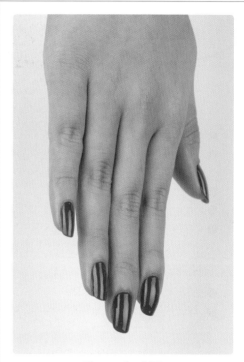

풀 코트 레드 옆면

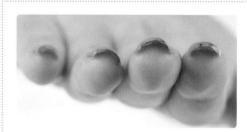

풀 코트 레드 프리에지 단면

정면

왼쪽 옆면

오른쪽 옆면

프리에지 단면

01. 풀 코트 레드

(배점 20점)

사전체크	소독	셰이프	큐티클 정리	풀 코트 컬러링	완성도
				★	

1. 사전체크

❶ 수험자와 모델의 복장이 규정에 맞는지 확인할 수 있다.

❷ 작업대의 네일 재료와 도구의 위생 상태를 확인하고 불필요한 재료 유무와 구비되어 있지 않은 재료 목록을 확인할 수 있다.

❸ 사전에 모델의 자연손톱의 형태가 스퀘어 또는 스퀘어 오프형인지 확인할 수 있다.

❹ 사전에 모델의 큐티클이 정리가 되어 있지 않은 상태인지 확인할 수 있다.

❺ 레드 네일 폴리시가 모델의 오른손 1~5지에 풀 코트로 도포되어 있는지 확인할 수 있다.

2. 소독

❶ 실기시험 시작 후 수험자와 모델이 올바른 방법으로 소독을 하였는지 확인할 수 있다.

❷ 큐티클 정리가 끝난 후 중간 소독 여부를 확인할 수 있다.

3. 셰이프

❶ 자연네일용 파일을 사용하여 비비거나 문지르지 않고 라운드 형태의 올바른 네일 파일 방법을 하였는지 확인할 수 있다.

❷ 손톱의 좌우 대칭이 맞는지, 1~5지의 라운드 형태가 전부 동일하고 5mm 이내의 길이로 일정한지 확인할 수 있다.

4. 큐티클 정리

❶ 올바른 큐티클 푸셔의 각도와 큐티클 니퍼의 사용 방법을 확인할 수 있다.

❷ 큐티클이 올바르게 정리되었는지, 출혈(감점요인)이 발생하지는 않았는지 확인할 수 있다.

5. 풀 코트 컬러링 ★

❶ 큐티클 라인과 사이드 부분, 프리에지 단면까지 레드 네일 폴리시가 풀 코트로 도포되었는지 확인할 수 있다.

❷ 레드 네일 폴리시가 브러시 자국 없이 1~5지에 일정한 두께로 도포되었는지 확인할 수 있다.

6. 완성도

❶ 톱코트까지 전부 도포되었는지, 톱코트 후 오일을 사용하지는 않는지 확인할 수 있다.

❷ 손톱 주변에 묻은 네일 폴리시의 유무, 손톱 아래의 위생 상태와 전체적인 마무리를 확인할 수 있다.

❸ 사용한 재료의 뚜껑을 모두 닫고 작업대 위에 쓰레기가 없는지 등 정리정돈 상태를 체크할 수 있다.

02 프렌치 화이트

본 교재에 수록된 모든 작업사진은 수험자의 시선으로 구성하였다.

1 작업과정 쓱 한눈에 보기

시간: 30분

❶ 수험자 손 소독하기

❷ 모델 오른손 및 손톱 소독하기

❸ 네일 폴리시 제거하기

❹ 라운드 형태 조형하기

❺ 표면 정리하기

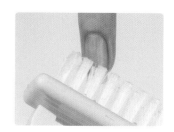
❻ 분진 제거하기

10분 내외

❼ 큐티클 불리기

❽ 큐티클 연화제 사용하기

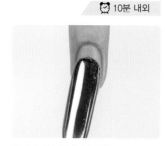
❾ 큐티클 밀어 올리기

❿ 큐티클 정리하기

⓫ 큐티클 주변 소독하기

⓬ 유분기 제거하기

20분 내외

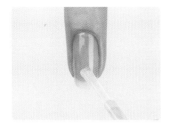

❸ 베이스코트 1회 도포하기

❹ 화이트 네일 폴리시 1회 도포하여 프렌치하기

❺ 화이트 네일 폴리시 2회 도포하여 프렌치하기

❻ 톱코트 1회 도포하기

❼ 수정하기

❽ 작업대 정리하기

⏰ 30분 종료

❶ 소독제를 탈지면에 분사하여 수험자의 양 손을 소독한다.

❷ 소독제를 탈지면에 분사하여 모델의 오른손 및 손톱을 소독한다.
  (팔목부터 프리에지 방향으로 손등과 손바닥, 손가락 사이, 손톱을 소독)

소독제

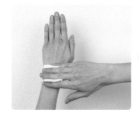 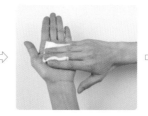 

❸ 네일 폴리시리무버를 탈지면에 적셔 모델의 오른손 1~5지에 도포되어 있는 네일 폴리시를 제거한다.
  💡 제거하는 손가락의 순서는 상관이 없으나 탈지면을 전부 풀러두면 안 된다!

네일
폴리시리무버

❹ 자연네일용 파일을 사용하여 모델의 오른손을 라운드 형태로 조형한다. 손톱 프리에지 중앙을 중심으로, 한 방향으로 네일 파일링해야 한다.
  ＊자연네일의 길이: 옐로 라인의 중심에서 5mm 이내

자연네일용
파일

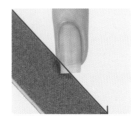 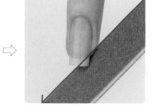 

샌딩 파일	❺ 샌딩 파일을 사용하여 손톱의 표면을 부드럽게 정리한다.	
네일 더스트 브러시	❻ 멸균거즈를 사용하여 네일 더스트 브러시의 물기를 완전히 제거한다. 물기가 제거된 네일 더스트 브러시를 사용하여 손톱 주변의 분진을 제거한다.	
핑거볼	❼ 미온수가 담겨 있는 핑거볼에 모델의 손을 담가서 큐티클을 불려 준다. 일정 시간이 경과한 후 모델의 손을 꺼내고 멸균거즈를 사용하여 물기를 제거한다.	
큐티클 연화제	❽ 큐티클 연화제(큐티클 리무버, 큐티클 오일, 큐티클 크림 등)를 선택사항으로 사용하여 큐티클 정리를 할 수 있다.	
큐티클 푸셔	❾ 큐티클 푸셔를 45° 각도로 사용하여 큐티클을 밀어 올려 준다.	 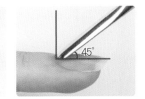
큐티클 니퍼	❿ 큐티클 니퍼의 날이 손톱의 표면을 손상시키지 않도록 큐티클 니퍼를 들어 올리지 않고 뒤로 빼듯이 조심스럽게 불필요한 큐티클을 정리한다.	
소독제	⓫ 소독제를 탈지면에 분사하여 모델의 큐티클 주변을 반드시 소독한다. 이후 멸균거즈에 분무기를 분사하여 손 전체를 닦아 줄 수 있다.	

네일 폴리시리무버	⑫ 네일 폴리시리무버를 탈지면에 적셔 손톱의 유분기를 제거한다. 오렌지 우드스틱을 사용하여 손톱 표면의 유분기를 제거하고 손톱 아래 잔여물을 제거한다.	
베이스코트	⑬ 브러시 끝부분을 사용하여 프리에지에 베이스코트를 도포한 후 손톱 전체에 1회 도포한다.	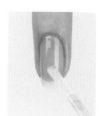

⑭ ~ ⑮ 화이트 네일 폴리시를 사용하여 프렌치 라인을 2회 그린다.

[프렌치 컬러링 순서]

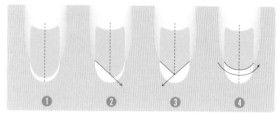

[프렌치 컬러링 방법]

❶ 네일 폴리시 브러시의 끝부분을 사용하여 프리에지에 화이트 네일 폴리시를 도포한다.
❷ 왼쪽 사이드 포인트에서 프리에지 중앙 부분을 향하여 화이트 네일 폴리시로 프렌치 라인을 그린다.
❸ 오른쪽 사이드 포인트에서 프리에지 중앙 부분을 향하여 화이트 네일 폴리시로 프렌치 라인을 그린다.
❹ 왼쪽 사이드 포인트에서 오른쪽 사이드를 향하여 화이트 네일 폴리시로 프렌치 라인을 연결한다.

화이트
네일 폴리시

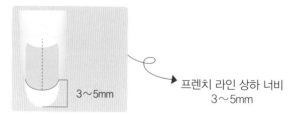

프렌치 라인 상하 너비
3~5mm

3~5mm

톱코트	⑯ 브러시 끝부분을 사용하여 프리에지에 톱코트를 도포한 후 손톱 전체에 1회 도포한다. 🔆 톱코트 도포 후 오일 사용 금지!	
오렌지 우드스틱	⑰ 오렌지 우드스틱에 탈지면을 감고 네일 폴리시리무버를 적셔 손톱 주변에 묻은 네일 폴리시를 수정한다.	
작업대	⑱ 사용한 페이퍼타월과 쓰레기를 모두 위생봉지에 버린다. 사용한 재료와 도구를 원위치에 두어 정리하고 뚜껑을 모두 닫는다. 작업대를 깨끗이 정리하고 감독위원을 기다린다.	

3 작업과정 쓱 점검하기

손 소독(수험자, 모델) ⇨ 네일 폴리시 제거 ⇨ 라운드 형태 ⇨ 표면 정리 ⇨ 분진 제거 ⇨ 큐티클 불리기 ⇨ 큐티클 밀기 ⇨ 큐티클 정리 ⇨ 소독 ⇨ 유분기 제거 ⇨ 베이스코트 1회 도포 ⇨ 화이트 네일 폴리시 프렌치 2회 도포 ⇨ 톱코트 1회 도포 ⇨ 수정 ⇨ 작업대 정리

4 완성!

프렌치 화이트 정면

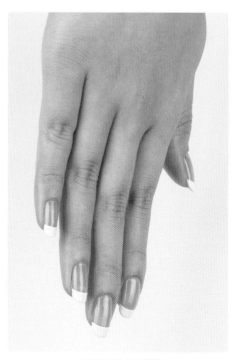

프렌치 화이트 옆면

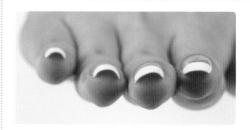

프렌치 화이트 프리에지 단면

정면

왼쪽 옆면

오른쪽 옆면

프리에지 단면

02. 프렌치 화이트

(배점 20점)

사전체크	소독	셰이프	큐티클 정리	프렌치 컬러링	완성도
				★	

1. 사전체크

❶ 수험자와 모델의 복장이 규정에 맞는지 확인할 수 있다.

❷ 작업대의 네일 재료와 도구의 위생 상태를 확인하고 불필요한 재료(네일 폴리시 이외의 브러시 등) 유무와 구비되어 있지 않은 재료 목록을 확인할 수 있다.

❸ 사전에 모델의 자연손톱의 형태가 스퀘어 또는 스퀘어 오프형인지 확인할 수 있다.

❹ 사전에 모델의 큐티클이 정리가 되어 있지 않은 상태인지 확인할 수 있다.

❺ 레드 네일 폴리시가 모델의 오른손 1~5지에 풀 코트로 도포되어 있는지 확인할 수 있다.

2. 소독

❶ 실기시험 시작 후 수험자와 모델이 올바른 방법으로 소독을 하였는지 확인할 수 있다.

❷ 큐티클 정리가 끝난 후 중간 소독 여부를 확인할 수 있다.

3. 셰이프

❶ 자연네일용 파일을 사용하여 비비거나 문지르지 않고 라운드 형태의 올바른 네일 파일 방법을 하였는지 확인할 수 있다.

❷ 손톱의 좌우 대칭이 맞는지, 1~5지의 라운드 형태가 전부 동일하고 5mm 이내의 길이로 일정한지 확인할 수 있다.

4. 큐티클 정리

❶ 올바른 큐티클 푸셔의 각도와 큐티클 니퍼의 사용 방법을 확인할 수 있다.

❷ 큐티클이 올바르게 정리되었는지 출혈(감점요인)이 발생하였는지 확인할 수 있다.

5. 프렌치 컬러링 ★

❶ 프렌치 라인의 상하 너비가 3~5mm로 사이드 부분, 프리에지 단면까지 화이트 네일 폴리시가 도포되었는지 확인할 수 있다.

❷ 화이트 네일 폴리시가 브러시 자국 없이 1~5지에 일정한 라인과 두께로 도포되었는지 확인할 수 있다.

6. 완성도

❶ 톱코트까지 전부 도포되었는지, 톱코트 후 오일을 사용하지는 않았는지 확인할 수 있다.

❷ 손톱 주변에 묻은 네일 폴리시의 유무, 손톱 아래의 위생 상태와 전체적인 마무리 상태를 확인할 수 있다.

❸ 사용한 재료의 뚜껑을 모두 닫고 작업대 위에 쓰레기가 없는지 등 정리정돈 상태를 체크할 수 있다.

03 딥 프렌치 화이트

💡 본 교재에 수록된 모든 작업사진은 수험자의 시선으로 구성하였다.

1 작업과정 쓱 한눈에 보기

⏰ 시간: 30분

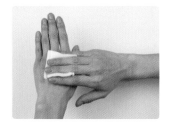
❶ 수험자 손 소독하기

❷ 모델 오른손 및 손톱 소독하기

❸ 네일 폴리시 제거하기

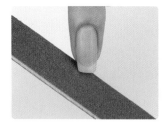
❹ 라운드 형태 조형하기

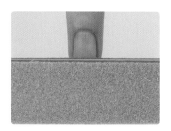
❺ 표면 정리하기

● 분진 제거하기

⏰ 10분 내외

❼ 큐티클 불리기

❽ 큐티클 연화제 사용하기

❾ 큐티클 밀어 올리기

❿ 큐티클 정리하기

⓫ 큐티클 주변 소독하기

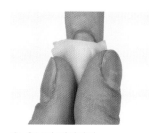
⓬ 유분기 제거하기

⏰ 20분 내외

⑬ 베이스코트 1회 도포하기

⑭ 화이트 네일 폴리시 1회 도포하여 딥 프렌치하기

⑮ 화이트 네일 폴리시 2회 도포하여 딥 프렌치하기

⑯ 톱코트 1회 도포하기

⑰ 수정하기

⑱ 작업대 정리하기

⏰ 30분 종료

2 도구&재료로 싹 자세히 보기

❶ 소독제를 탈지면에 분사하여 수험자의 양 손을 소독한다.

❷ 소독제를 탈지면에 분사하여 모델의 오른손 및 손톱을 소독한다.
  (팔목부터 프리에지 방향으로 손등과 손바닥, 손가락 사이, 손톱을 소독)

<table>
<tr><td>소독제</td><td> 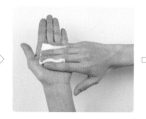 
  </td></tr>
</table>

❸ 네일 폴리시리무버를 탈지면에 적셔 모델의 오른손 1~5지에 도포되어 있는 네일 폴리시를 제거한다.
  💡 제거하는 손가락의 순서는 상관이 없으나 탈지면을 전부 풀어두면 안 된다!

<table>
<tr><td>네일
폴리시리무버</td><td> </td></tr>
</table>

❹ 자연네일용 파일을 사용하여 모델의 오른손을 라운드 형태로 조형한다. 손톱 프리에지 중앙을 중심으로, 한 방향으로 네일 파일링해야 한다.
  *자연네일의 길이: 옐로 라인의 중심에서 5mm 이내

<table>
<tr><td>자연네일용
파일</td><td>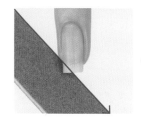  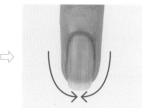</td></tr>
</table>

샌딩 파일	❺ 샌딩 파일을 사용하여 손톱의 표면을 부드럽게 정리한다.	
네일 더스트 브러시	❻ 멸균거즈를 사용하여 네일 더스트 브러시의 물기를 완전히 제거한다. 물기가 제거된 네일 더스트 브러시를 사용하여 손톱 주변의 분진을 제거한다.	
핑거볼	❼ 미온수가 담겨 있는 핑거볼에 모델의 손을 담가서 큐티클을 불려 준다. 일정 시간이 경과한 후 모델의 손을 꺼내고 멸균거즈를 사용하여 물기를 제거한다.	
큐티클 연화제	❽ 큐티클 연화제(큐티클 리무버, 큐티클 오일, 큐티클 크림 등)를 선택사항으로 사용하여 큐티클 정리를 할 수 있다.	
큐티클 푸셔	❾ 큐티클 푸셔를 45° 각도로 사용하여 큐티클을 밀어 올려 준다.	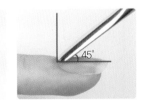
큐티클 니퍼	❿ 큐티클 니퍼의 날이 손톱의 표면을 손상시키지 않도록 큐티클 니퍼를 들어 올리지 않고 뒤로 빼듯이 조심스럽게 불필요한 큐티클을 정리한다.	
소독제	⓫ 소독제를 탈지면에 분사하여 모델의 큐티클 주변을 반드시 소독한다. 이후 멸균거즈에 분무기를 분사하여 손 전체를 닦아 줄 수 있다.	

네일 폴리시리무버	⓬ 네일 폴리시리무버를 탈지면에 적셔 손톱의 유분기를 제 거한다. 오렌지 우드스틱을 사용하여 손톱 표면의 유분 기를 제거하고 손톱 아래 잔여물을 제거한다. 
베이스코트	⓭ 브러시 끝부분을 사용하여 프리에지에 베이 스코트를 도포한 후 손톱 전체에 1회 도포 한다.  

⓮ ~ ⓯ 화이트 네일 폴리시를 사용하여 딥 프렌치 라인을 2회 그린다.

[딥 프렌치 컬러링 순서]

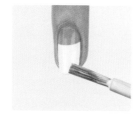 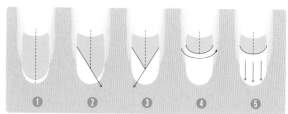

[딥 프렌치 컬러링 방법]

❶ 네일 폴리시 브러시의 끝부분을 사용하여 프리에지에 화이트 네일 폴리시를 도포한다.
❷ 왼쪽 사이드의 1/2 이상 부분에서 프리에지 중앙 부분을 향하여 화이트 네일 폴리시
로 딥 프렌치 라인을 그린다.
❸ 오른쪽 사이드의 1/2 이상 부분에서 프리에지 중앙 부분을 향하여 화이트 네일 폴리
시로 딥 프렌치 라인을 그린다.
❹ 왼쪽 사이드의 1/2 이상 부분에서 오른쪽 1/2 이상 부분을 향하여 화이트 네일 폴리
시로 딥 프렌치 라인을 연결한다.
❺ 딥 프렌치 라인을 맞추어 가며 세로 방향으로 화이트 네일 폴리시를 도포한다.

화이트
네일 폴리시

반월 미만
$\frac{1}{2}$ 이상

딥 프렌치 라인
(손톱 전체 길이의 1/2 이상, 반월 부분 미만)

톱코트	❶❻ 브러시 끝부분을 사용하여 프리에지에 톱코트를 도포한 후 손톱 전체에 1회 도포한다. 💡 톱코트 도포 후 오일 사용 금지!	
오렌지 우드스틱	❶❼ 오렌지 우드스틱에 탈지면을 감고 네일 폴리시리무버를 적셔 손톱 주변에 묻은 네일 폴리시를 수정한다.	
작업대	❶❽ 사용한 페이퍼타월과 쓰레기를 모두 위생봉지에 버린다. 사용한 재료와 도구를 원위치에 두어 정리하고 뚜껑을 모두 닫는다. 작업대를 깨끗이 정리하고 감독위원을 기다린다.	

3 작업과정 🗨 점검하기

손 소독(수험자, 모델) ⇨ 네일 폴리시 제거 ⇨ 라운드 형태 ⇨ 표면 정리 ⇨ 분진 제거 ⇨ 큐티클 불리기 ⇨ 큐티클 밀기 ⇨ 큐티클 정리 ⇨ 소독 ⇨ 유분기 제거 ⇨ 베이스코트 1회 도포 ⇨ 화이트 네일 폴리시 딥 프렌치 2회 도포 ⇨ 톱코트 1회 도포 ⇨ 수정 ⇨ 작업대 정리

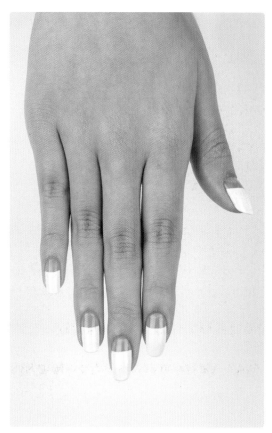

딥 프렌치 화이트 정면

딥 프렌치 화이트 옆면

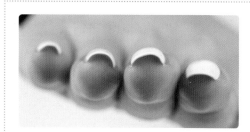

딥 프렌치 화이트 프리에지 단면

정면

왼쪽 옆면

오른쪽 옆면

프리에지 단면

평가 포인트

03. 딥 프렌치 화이트

(배점 20점)

사전체크	소독	셰이프	큐티클 정리	딥 프렌치 컬러링	완성도
				★	

1. 사전체크

❶ 수험자와 모델의 복장이 규정에 맞는지 확인할 수 있다.

❷ 작업대의 네일 재료와 도구의 위생 상태를 확인하고 불필요한 재료(네일 폴리시 이외의 브러시 등) 유무와 구비
   되어 있지 않은 재료 목록을 확인할 수 있다.

❸ 사전에 모델의 자연손톱의 형태가 스퀘어 또는 스퀘어 오프형인지 확인할 수 있다.

❹ 사전에 모델의 큐티클이 정리가 되어 있지 않은 상태인지 확인할 수 있다.

❺ 레드 네일 폴리시가 모델의 오른손 1~5지에 풀 코트로 도포되어 있는지 확인할 수 있다.

2. 소독

❶ 실기시험 시작 후 수험자와 모델이 올바른 방법으로 소독을 하였는지 확인할 수 있다.

❷ 큐티클 정리가 끝난 후 중간 소독 여부를 확인할 수 있다.

3. 셰이프

❶ 자연네일용 파일을 사용하여 비비거나 문지르지 않고 라운드 형태의 올바른 네일 파일 방법을 하였는지 확인할 수
   있다.

❷ 손톱의 좌우 대칭이 맞는지, 1~5지의 라운드 형태가 전부 동일하고 5mm 이내의 길이로 일정한지 확인할 수
   있다.

4. 큐티클 정리

❶ 올바른 큐티클 푸셔의 각도와 큐티클 니퍼의 사용 방법을 확인할 수 있다.

❷ 큐티클이 올바르게 정리되었는지, 출혈(감점요인)이 발생하지는 않았는지 확인할 수 있다.

5. 딥 프렌치 컬러링 ★

❶ 딥 프렌치 라인이 손톱 전체의 1/2 이상, 반월 부분 미만이며 사이드 부분, 프리에지 단면까지 화이트 네일 폴리
   시가 도포되었는지 확인할 수 있다.

❷ 화이트 네일 폴리시가 브러시 자국 없이 1~5지에 일정한 라인과 두께로 도포되었는지 확인할 수 있다.

6. 완성도

❶ 톱코트까지 전부 도포되었는지, 톱코트 후 오일을 사용하지는 않았는지 확인할 수 있다.

❷ 손톱 주변에 묻은 네일 폴리시의 유무, 손톱 아래의 위생 상태와 전체적인 마무리 상태를 확인할 수 있다.

❸ 사용한 재료의 뚜껑을 모두 닫고 작업대 위에 쓰레기가 없는지 등 정리정돈 상태를 체크할 수 있다.

그러데이션 화이트

 본 교재에 수록된 모든 작업사진은 수험자의 시선으로 구성하였다.

1 작업과정 쓱 한눈에 보기

⏰ 시간: 30분

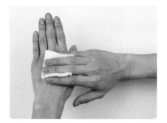

❶ 수험자 손 소독하기

❷ 모델 오른손 및 손톱 소독하기

❸ 네일 폴리시 제거하기

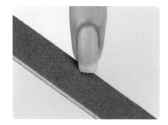

❹ 라운드 형태 조형하기

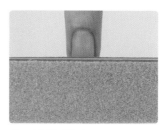

❺ 표면 정리하기

❻ 분진 제거하기

⏰ 10분 내외

❼ 큐티클 불리기

❽ 큐티클 연화제 사용하기

❾ 큐티클 밀어 올리기

❿ 큐티클 정리하기

⓫ 큐티클 주변 소독하기

⓬ 유분기 제거하기

⏰ 20분 내외

⓭ 베이스코트 1회 도포하기

⓮ 화이트 네일 폴리시 스펀지에 적시기

⓯ 화이트 네일 폴리시 그러데이션 하기

⓰ 톱코트 1회 도포하기

⓱ 수정하기

⓲ 작업대 정리하기

⏰ 30분 종료

❶ 소독제를 탈지면에 분사하여 수험자의 양 손을 소독한다.

❷ 소독제를 탈지면에 분사하여 모델의 오른손 및 손톱을 소독한다.
   (팔목부터 프리에지 방향으로 손등과 손바닥, 손가락 사이, 손톱을 소독)

소독제

 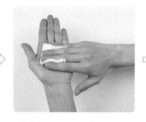 

❸ 네일 폴리시리무버를 탈지면에 적셔 모델의 오른손 1~5지에 도포되어 있는 네일 폴리
   시를 제거한다.

   💡 제거하는 손가락의 순서는 상관이 없으나 탈지면을 전부 올려두면 안 된다!

네일
폴리시리무버

❹ 자연네일용 파일을 사용하여 모델의 오른손을 라운드 형태로 조형한다. 손톱 프리에
   지 중앙을 중심으로, 한 방향으로 네일 파일링해야 한다.

   *자연네일의 길이: 옐로 라인의 중심에서 5mm 이내

자연네일용
파일

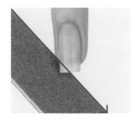 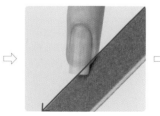 

샌딩 파일	❺ 샌딩 파일을 사용하여 손톱의 표면을 부드럽게 정리한다.
네일 더스트 브러시	❻ 멸균거즈를 사용하여 네일 더스트 브러시의 물기를 완전히 제거한다. 물기가 제거된 네일 더스트 브러시를 사용하여 손톱 주변의 분진을 제거한다.
핑거볼	❼ 미온수가 담겨 있는 핑거볼에 모델의 손을 담가서 큐티클을 불려 준다. 일정 시간이 경과한 후 모델의 손을 꺼내고 멸균거즈를 사용하여 물기를 제거한다.
큐티클 연화제	❽ 큐티클 연화제(큐티클 리무버, 큐티클 오일, 큐티클 크림 등)를 선택사항으로 사용하여 큐티클 정리를 할 수 있다.
큐티클 푸셔	❾ 큐티클 푸셔를 45° 각도로 사용하여 큐티클을 밀어 올려 준다.
큐티클 니퍼	❿ 큐티클 니퍼의 날이 손톱의 표면을 손상시키지 않도록 큐티클 니퍼를 들어 올리지 않고 뒤로 빼듯이 조심스럽게 불필요한 큐티클을 정리한다.
소독제	⓫ 소독제를 탈지면에 분사하여 모델의 큐티클 주변을 반드시 소독한다. 이후 멸균거즈에 분무기를 분사하여 손 전체를 닦아 줄 수 있다.

네일 폴리시리무버	⑫ 네일 폴리시리무버를 탈지면에 적셔 손톱의 유분기를 제 거한다. 오렌지 우드스틱을 사용하여 손톱 표면의 유분 기를 제거하고 손톱 아래 잔여물을 제거한다.	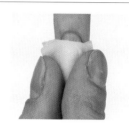
베이스코트	⑬ 브러시 끝부분을 사용하여 프리에지에 베이 스코트를 도포한 후 손톱 전체에 1회 도포 한다.	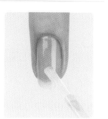

⑭ 스펀지를 3등분하여 아랫부분에 화이트 네일 폴리시를 적시고 윗부분에 베이스코트를
적신 후 중간부분을 자연스럽게 그러데이션한다.

스펀지

반월(루눌라)
— 베이스코트
— 베이스코트 + 화이트 네일 폴리시
— 화이트 네일 폴리시
프리에지

화이트
네일 폴리시

⑮ 화이트 네일 폴리시를 사용하여 그러데이션을 한다.

[그러데이션 컬러링 순서]

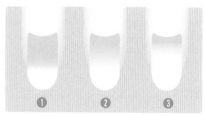

❶   ❷   ❸

[그러데이션 컬러링 방법]

❶ 스펀지를 사용하여 프리에지에 화이트 네일 폴리시를 도포한다.
❷ 스펀지 아랫부분의 짙은 화이트 폴리시 부분이 프리에지에 닿고, 윗부분의 베이스코
트 부분이 반월에 닿게 한 후 스펀지를 손톱에 가볍게 두드려 준다.
❸ 반복적으로 가볍게 두드려 컬러의 경계를 없애 자연스러운 그러데이션이 되도록 한다.

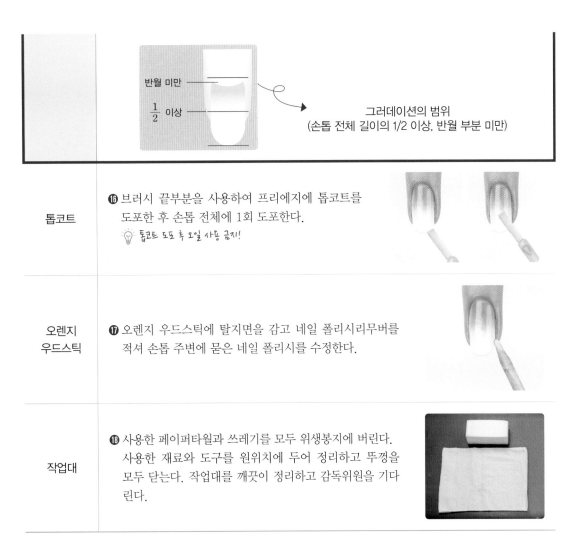

	반월 미만 ─── 1/2 이상 ─── **그러데이션의 범위** (손톱 전체 길이의 1/2 이상, 반월 부분 미만)
톱코트	⓰ 브러시 끝부분을 사용하여 프리에지에 톱코트를 도포한 후 손톱 전체에 1회 도포한다. 🔅 톱코트 도포 후 오일 사용 금지!
오렌지 우드스틱	⓱ 오렌지 우드스틱에 탈지면을 감고 네일 폴리시리무버를 적셔 손톱 주변에 묻은 네일 폴리시를 수정한다.
작업대	⓲ 사용한 페이퍼타월과 쓰레기를 모두 위생봉지에 버린다. 사용한 재료와 도구를 원위치에 두어 정리하고 뚜껑을 모두 닫는다. 작업대를 깨끗이 정리하고 감독위원을 기다린다.

3 작업과정 🗨 점검하기

손 소독(수험자, 모델) ⇨ 네일 폴리시 제거 ⇨ 라운드 형태 ⇨ 표면 정리 ⇨ 분진 제거 ⇨ 큐티클 불리기

⇨ 큐티클 밀기 ⇨ 큐티클 정리 ⇨ 소독 ⇨ 유분기 제거 ⇨ 베이스코트 1회 도포

⇨ 화이트 네일 폴리시 그러데이션 도포 ⇨ 톱코트 1회 도포 ⇨ 수정 ⇨ 작업대 정리

4 완성!

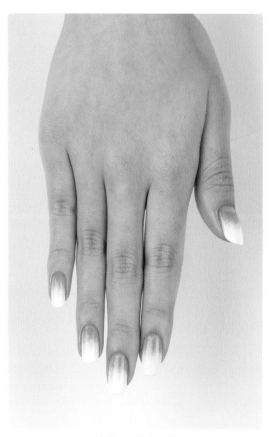

그러데이션 화이트 정면

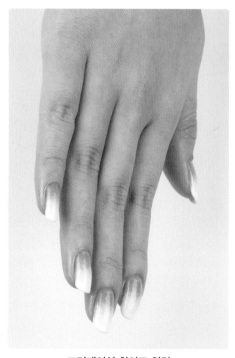

그러데이션 화이트 옆면

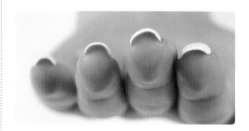

그러데이션 화이트 프리에지 단면

정면

왼쪽 옆면

오른쪽 옆면

프리에지 단면

평가 포인트

04. 그러데이션 화이트

(배점 20점)

사전체크	소독	셰이프	큐티클 정리	그러데이션 컬러링	완성도
				★	

1. 사전체크

❶ 수험자와 모델의 복장이 규정에 맞는지 확인할 수 있다.

❷ 작업대의 네일 재료와 도구의 위생 상태를 확인하고 불필요한 재료 유무와 구비되어 있지 않은 재료 목록을 확인할 수 있다.

❸ 사전에 모델의 자연손톱의 형태가 스퀘어 또는 스퀘어 오프형인지 확인할 수 있다.

❹ 사전에 모델의 큐티클이 정리가 되어 있지 않은 상태인지 확인할 수 있다.

❺ 레드 네일 폴리시가 모델의 오른손 1~5지에 풀 코트로 도포되어 있는지 확인할 수 있다.

2. 소독

❶ 실기시험 시작 후 수험자와 모델이 올바른 방법으로 소독을 하였는지 확인할 수 있다.

❷ 큐티클 정리가 끝난 후 중간 소독 여부를 확인할 수 있다.

3. 셰이프

❶ 자연네일용 파일을 사용하여 비비거나 문지르지 않고 라운드 형태의 올바른 네일 파일 방법을 하였는지 확인할 수 있다.

❷ 손톱의 좌우 대칭이 맞는지, 1~5지의 라운드 형태가 전부 동일하고 5mm 이내의 길이로 일정한지 확인할 수 있다.

4. 큐티클 정리

❶ 올바른 큐티클 푸셔의 각도와 큐티클 니퍼의 사용 방법을 확인할 수 있다.

❷ 큐티클이 올바르게 정리되었는지, 출혈(감점요인)이 발생하지는 않았는지 확인할 수 있다.

5. 그러데이션 컬러링 ★

❶ 그러데이션이 손톱 전체의 1/2 이상, 반월 부분 미만이며 사이드 부분, 프리에지 단면까지 화이트 네일 폴리시가 도포되었는지 확인할 수 있다.

❷ 화이트 네일 폴리시가 스펀지 자국 없이 1~5지에 일정하게 도포되었는지 확인할 수 있다.

6. 완성도

❶ 톱코트까지 전부 도포되었는지, 톱코트 후 오일을 사용하지는 않았는지 확인할 수 있다.

❷ 손톱 주변에 묻은 네일 폴리시의 유무, 손톱 아래의 위생 상태와 전체적인 마무리 상태를 확인할 수 있다.

❸ 사용한 재료의 뚜껑을 모두 닫고 작업대 위에 쓰레기가 없는지 등 정리정돈 상태를 체크할 수 있다.

Pedicure

페디큐어

01. 풀 코트 레드	03. 그러데이션 화이트
02. 딥 프렌치 화이트	

🔆 페디큐어 01 ~ 03 세부과제 중 한 과제가 시험 당일 랜덤 선정

페디큐어 실기시험 규정 ●━━━━━━━━━━━━

1. 요구사항

❶ 수험자의 손 및 모델의 발과 발톱을 소독한다.
❷ 모델의 오른발에 도포되어 있는 네일 폴리시를 제거한다.
❸ 모델의 오른발에 물 스프레이를 이용한 습식 매니큐어를 한다.
❹ 발톱 프리에지의 형태를 스퀘어 형태로 조형한다.
❺ 큐티클 푸셔나 오렌지 우드스틱을 사용하여 큐티클을 밀어 준다.
❻ 큐티클 니퍼를 사용하여 불필요한 발 거스러미를 정리한다.
❼ 프리에지 단면의 앞 선까지 컬러를 모두 도포한다.

01. 풀 코트 레드	• 레드 네일 폴리시를 사용하여 오른발 1~5지 발톱에 풀 코트로 완성한다. • 베이스코트 1회 – 레드 네일 폴리시 2회 – 톱코트 1회로 완성한다.
02. 딥 프렌치 화이트	• 화이트 네일 폴리시를 사용하여 오른발 1~5지 발톱에 딥 프렌치로 완성한다. • 베이스코트 1회 – 화이트 네일 폴리시 2회 – 톱코트 1회로 완성한다. *딥 프렌치 라인은 발톱 전체 길이의 1/2 이상, 반월 부분을 넘지 않아야 함
03. 그러데이션 화이트	• 화이트 네일 폴리시를 사용하여 오른발 1~5지 발톱에 스펀지를 이용하여 그러데이션으로 완성한다. • 베이스코트 1회 – 화이트 네일 폴리시 도포 – 톱코트 1회로 완성한다. *그러데이션 범위는 발톱 전체 길이의 1/2 이상, 반월 부분을 넘지 않아야 함

2. 수험자 유의사항

❶ 모델의 발톱 준비상태는 사전에 스퀘어 형태로 정리되어 있지 않은 상태로 레드 네일 폴리시가 풀 코트로 도포되어 있어야 한다.
❷ 자연네일 파일링 시 비비지 말고 한 방향으로 네일 파일링해야 한다.
❸ 큐티클 연화제, 멸균거즈는 적절히 사용할 수 있다.
❹ 톱코트 도포 후 마무리 시, 오일을 사용해서는 안 된다.
❺ 그러데이션을 제외한 컬러 도포 시 네일 폴리시의 브러시를 사용해야 한다.
❻ 큐티클 니퍼, 큐티클 푸셔, 네일 클리퍼, 네일 더스트 브러시, 오렌지 우드스틱은 에탄올 소독용기에 담가 두어야 한다.
❼ 발톱의 길이는 피부의 선단을 넘지 않아야 한다.
❽ 제시된 시험시간 안에 모든 작업과 마무리 및 주변 정리정돈을 끝내야 한다.

셰이프	대상부위	시간	배점
스퀘어	오른발 1~5지 발톱	30분	20점

세부 과제	01. 풀 코트 레드	
	02. 딥 프렌치 화이트	
	03. 그러데이션 화이트	

[참고사항]

1. 1과제 매니큐어 작업 종료 후 감독위원의 지시에 따라 모델은 작업대 위에 앉아 수험자의 무릎에 발을 올리는 자세를 취해 페디큐어 작업을 할 수 있도록 준비한다.
2. 모델의 오른발에 작업이 불가피한 경우 왼발로 대체할 수 있다.

01 풀 코트 레드

본 교재에 수록된 모든 작업사진은 수험자의 시선으로 구성하였다.

1 작업과정 쏙 한눈에 보기

시간: 30분

❶ 수험자 손 소독하기

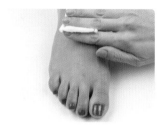

❷ 모델 오른발 및 발톱 소독하기

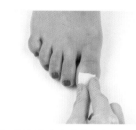

❸ 네일 폴리시 제거하기

❹ 스퀘어 형태 조형하기

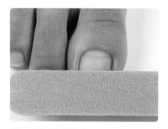

❺ 표면 정리하기

❻ 분진 제거하기

10분 내외

❼ 분무기 분사하기

❽ 큐티클 연화제 사용하기

❾ 큐티클 밀어 올리기

❿ 큐티클 정리하기

⓫ 큐티클 주변 소독하기

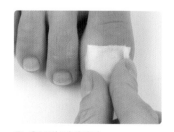

⓬ 유분기 제거하기

20분 내외

⓭ 베이스코트 1회 도포하기

💡 베이스코트 도포 전에 반드시 토 세퍼
레이터를 끼운다.

**⓮ 레드 네일 폴리시 1회 도포하여
풀 코트하기**

**⓯ 레드 네일 폴리시 2회 도포하여
풀 코트하기**

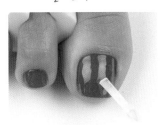

⓰ 톱코트 1회 도포하기

⓱ 수정하기

⓲ 작업대 정리하기

⏰ 30분 종료

❶ 소독제를 탈지면에 분사하여 수험자의 양 손을 소독한다.

❷ 소독제를 탈지면에 분사하여 모델의 오른발 및 발톱을 소독한다.
  (발목부터 프리에지 방향으로 발등과 발바닥, 발가락 사이, 발톱을 소독)

소독제

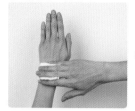 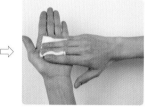 

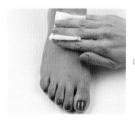  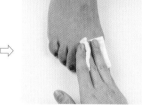

❸ 네일 폴리시리무버를 탈지면에 적셔 모델의 오른발 1~5지에 도포되어 있는 네일 폴리시를 제거한다.
  💡 제거하는 발가락의 순서는 상관이 없으나 탈지면을 전부 풀어두면 안 된다!

네일 폴리시리무버

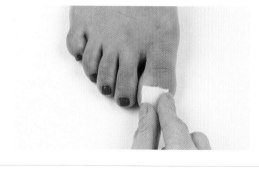 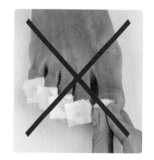

❹ 자연네일용 파일을 사용하여 모델의 오른발을 스퀘어 형태로 조형한다. 발톱의 양쪽 사이드 라인을 일직선으로 정리하고, 프리에지의 오른쪽을 향하여 한 방향으로 네일 파일링해야 한다.

자연네일용 파일

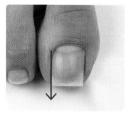 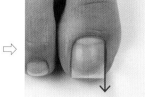 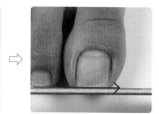

샌딩 파일	❺ 샌딩 파일을 사용하여 발톱의 표면을 부드럽게 정리한다.	
네일 더스트 브러시	❻ 멸균거즈를 사용하여 네일 더스트 브러시의 물기를 완전히 제거한다. 물기가 제거된 네일 더스트 브러시를 사용하여 발톱 주변의 분진을 제거한다.	
분무기	❼ 미온수가 담겨 있는 분무기를 모델의 발 큐티클 부분에 분사한다. 일정 시간이 경과한 후 모델의 발에 멸균거즈를 사용하여 물기를 제거한다.	
큐티클 연화제	❽ 큐티클 연화제(큐티클 리무버, 큐티클 오일, 큐티클 크림 등)를 선택사항으로 사용하여 큐티클 정리를 할 수 있다.	
큐티클 푸셔	❾ 큐티클 푸셔를 45° 각도로 사용하여 큐티클을 밀어 올려 준다.	 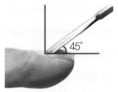
큐티클 니퍼	❿ 큐티클 니퍼의 날이 발톱 표면을 손상시키지 않도록 큐티클 니퍼를 들어 올리지 않고 뒤로 빼듯이 조심스럽게 불필요한 큐티클을 정리한다.	
소독제	⓫ 소독제를 탈지면에 분사하여 모델의 큐티클 주변을 반드시 소독한다. 이후 멸균거즈에 분무기를 분사하여 발 전체를 닦아 줄 수 있다.	

네일 폴리시리무버	⑫ 네일 폴리시리무버를 탈지면에 적셔 발톱의 유분기를 제거한다. 오렌지 우드스틱을 사용하여 발톱 표면의 유분기를 제거하고 발톱 아래 잔여물을 제거한다. 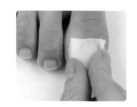
베이스코트	💡 베이스코트 도포 전에 반드시 토 세퍼레이터를 끼운다. ⑬ 브러시 끝부분을 사용하여 프리에지에 베이스 코트를 도포한 후 발톱 전체에 1회 도포한다. 

Highlight!

⑭ ~ ⑮ 레드 네일 폴리시를 사용하여 발톱 전체를 2회 풀 코트한다.

[풀 코트 컬러링 순서]

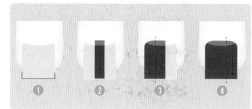

[풀 코트 컬러링 방법]

레드
네일 폴리시

❶ 네일 폴리시의 브러시 끝부분을 사용하여 프리에지에 레드 네일 폴리시를 도포한다.

❷ 큐티클 중앙 라인에 맞추어서 발톱의 가운데 부분에 레드 네일 폴리시를 45° 각도로 도포한다.

❸ 큐티클 왼쪽 사이드 라인에 맞추어서 발톱의 왼쪽 부분에 레드 네일 폴리시를 45° 각도로 도포한다.

❹ 큐티클 오른쪽 사이드 라인에 맞추어서 발톱의 오른쪽 부분에 레드 네일 폴리시를 45° 각도로 도포한다.

45°

풀 코트 컬러링 시 브러시 각도

톱코트	❶⑥ 브러시 끝부분을 사용하여 프리에지에 톱코트를 도포한 후 발톱 전체에 1회 도포한다. 💡 톱코트 도포 후 오일 사용 금지!	
오렌지 우드스틱	⑰ 오렌지 우드스틱에 탈지면을 감고 네일 폴리시리무버를 적셔 발톱 주변에 묻은 네일 폴리시를 수정한다.	
작업대	⑱ 사용한 페이퍼타월과 쓰레기를 전부 위생봉지에 버린다. 사용한 재료와 도구를 원위치에 두어 정리하고 뚜껑을 모두 닫는다. 작업대를 깨끗이 정리하고 감독위원을 기다린다.	

3 작업과정 쓱 점검하기

손, 발 소독(수험자, 모델) ⇨ 네일 폴리시 제거 ⇨ 스퀘어 형태 ⇨ 표면 정리 ⇨ 분진 제거
⇨ 큐티클 불리기 ⇨ 큐티클 밀기 ⇨ 큐티클 정리 ⇨ 소독 ⇨ 유분기 제거 ⇨ 토 세퍼레이터 끼우기
⇨ 베이스코트 1회 도포 ⇨ 레드 네일 폴리시 풀 코트 2회 도포 ⇨ 톱코트 1회 도포
⇨ 수정 ⇨ 작업대 정리

4 완성!

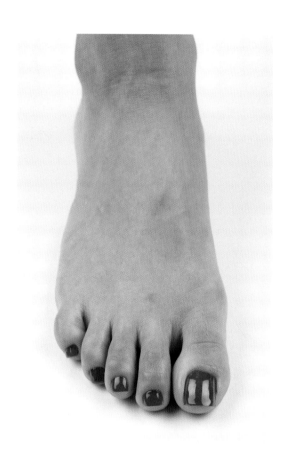

풀 코트 레드 정면

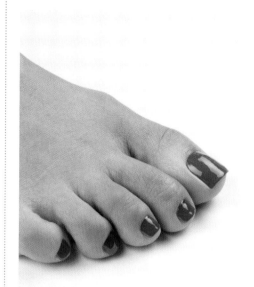

풀 코트 레드 옆면

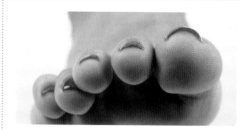

풀 코트 레드 프리에지 단면

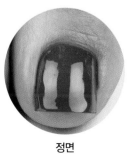

정면

왼쪽 옆면

오른쪽 옆면

프리에지 단면

평가 포인트

01. 풀 코트 레드

(배점 20점)

사전체크	소독	셰이프	큐티클 정리	풀 코트 컬러링	완성도
				★	

1. 사전체크

❶ 수험자와 모델의 복장이 규정에 맞는지 확인할 수 있다.

❷ 작업대의 네일 재료와 도구의 위생 상태를 확인하고 불필요한 재료 유무와 구비되어 있지 않은 재료 목록을 확인할 수 있다.

❸ 사전에 모델의 자연발톱 형태가 스퀘어 형태로 정리되어 있지 않은 상태인지 확인할 수 있다.

❹ 사전에 모델의 큐티클이 정리가 되어 있지 않은 상태인지 확인할 수 있다.

❺ 레드 네일 폴리시가 모델의 오른발 1~5지에 풀 코트로 도포되어 있는지 확인할 수 있다.

2. 소독

❶ 실기시험 시작 후 수험자와 모델이 올바른 방법으로 소독을 하였는지 확인할 수 있다.

❷ 큐티클 정리가 끝난 후 중간 소독 여부를 확인할 수 있다.

3. 셰이프

❶ 자연네일용 파일로 비비거나 문지르지 않고 스퀘어 형태의 올바른 네일 파일 방법을 하였는지 확인할 수 있다.

❷ 발톱의 끝부분이 직선의 형태를 이루는지, 1~5지의 스퀘어 형태가 전부 동일한지 확인할 수 있다.

❸ 발톱의 길이가 피부의 선단을 넘었는지 확인할 수 있다.

4. 큐티클 정리

❶ 올바른 큐티클 푸셔의 각도와 큐티클 니퍼의 사용 방법을 확인할 수 있다.

❷ 큐티클이 올바르게 정리되었는지, 출혈(감점요인)이 발생하였는지 확인할 수 있다.

5. 풀 코트 컬러링 ★

❶ 큐티클 라인과 사이드 부분, 프리에지 단면까지 레드 네일 폴리시가 도포되었는지 확인할 수 있다.

❷ 레드 네일 폴리시가 브러시 자국 없이 1~5지에 일정한 두께로 도포되었는지 확인할 수 있다.

6. 완성도

❶ 톱코트까지 전부 도포되었는지, 톱코트 후 오일을 사용하지는 않았는지 확인할 수 있다.

❷ 발톱 주변에 묻은 네일 폴리시의 유무, 발톱 아래의 위생 상태와 전체적인 마무리 상태를 확인할 수 있다.

❸ 사용한 재료의 뚜껑을 모두 닫고 작업대 위에 쓰레기가 없는지 등 정리정돈 상태를 체크할 수 있다.

02 딥 프렌치 화이트

 본 교재에 수록된 모든 작업사진은 수험자의 시선으로 구성하였다.

1 작업과정 쏙 한눈에 보기

⏰ 시간: 30분

❶ 수험자 손 소독하기

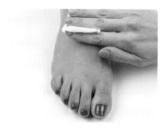

❷ 모델 오른발 및 발톱 소독하기

❸ 네일 폴리시 제거하기

❹ 스퀘어 형태 조형하기

❺ 표면 정리하기

❻ 분진 제거하기

⏰ 10분 내외

❼ 분무기 분사하기

❽ 큐티클 연화제 사용하기

❾ 큐티클 밀어 올리기

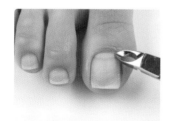

❿ 큐티클 정리하기

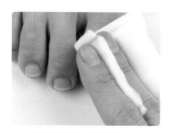

⓫ 큐티클 주변 소독하기

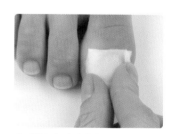

⓬ 유분기 제거하기

⏰ 20분 내외

⓭ 베이스코트 1회 도포하기

💡 베이스코트 도포 전에 반드시 토 세퍼레이터를 끼운다.

⓮ 화이트 네일 폴리시 1회 도포하여 딥 프렌치하기

⓯ 화이트 네일 폴리시 2회 도포하여 딥 프렌치하기

⓰ 톱코트 1회 도포하기

⓱ 수정하기

⓲ 작업대 정리하기

⏰ 30분 종료

❶ 소독제를 탈지면에 분사하여 수험자의 양 손을 소독한다.

❷ 소독제를 탈지면에 분사하여 모델의 오른발 및 발톱을 소독한다.
  (발목부터 프리에지 방향으로 발등과 발바닥, 발가락 사이, 발톱을 소독)

소독제	 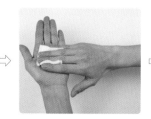  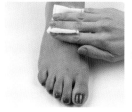  

❸ 네일 폴리시리무버를 탈지면에 적셔 모델의 오른발 1~5지에 도포되어 있는 네일 폴리시를 제거한다.

  💡 제거하는 발가락의 순서는 상관이 없으나 탈지면을 전부 올려두면 안 된다!

네일 폴리시리무버	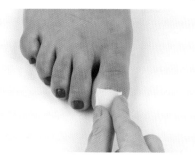 

❹ 자연네일용 파일을 사용하여 모델의 오른발을 스퀘어 형태로 조형한다. 발톱의 양쪽 사이드 라인을 일직선으로 정리하고, 프리에지의 오른쪽을 향하여 한 방향으로 네일 파일링해야 한다.

자연네일용 파일	  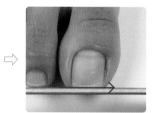

샌딩 파일	❺ 샌딩 파일을 사용하여 발톱의 표면을 부드럽게 정리한다.	
네일 더스트 브러시	❻ 멸균거즈를 사용하여 네일 더스트 브러시의 물기를 완전히 제거한다. 물기가 제거된 네일 더스트 브러시를 사용하여 발톱 주변의 분진을 제거한다.	
분무기	❼ 미온수가 담겨 있는 분무기를 모델의 발 큐티클 부분에 분사한다. 일정 시간이 경과한 후 모델의 발에 멸균거즈를 사용하여 물기를 제거한다.	
큐티클 연화제	❽ 큐티클 연화제(큐티클 리무버, 큐티클 오일, 큐티클 크림 등)를 선택사항으로 사용하여 큐티클 정리를 할 수 있다.	
큐티클 푸셔	❾ 큐티클 푸셔를 45° 각도로 사용하여 큐티클을 밀어 올려 준다.	 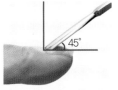
큐티클 니퍼	❿ 큐티클 니퍼의 날이 발톱 표면을 손상시키지 않도록 큐티클 니퍼를 들어 올리지 않고 뒤로 빼듯이 조심스럽게 불필요한 큐티클을 정리한다.	
소독제	⓫ 소독제를 탈지면에 분사하여 모델의 큐티클 주변을 반드시 소독한다. 이후 멸균거즈에 분무기를 분사하여 발 전체를 닦아 줄 수 있다.	

네일 폴리시리무버	⓬ 네일 폴리시리무버를 탈지면에 적셔 발톱의 유분기를 제거한다. 오렌지 우드스틱을 사용하여 발톱 표면의 유분기를 제거하고 발톱 아래 잔여물을 제거한다. 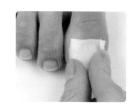
베이스코트	💡 베이스코트 도포 전에 반드시 토 세퍼레이터를 끼운다. ⓭ 브러시 끝부분을 사용하여 프리에지에 베이스 코트를 도포한 후 발톱 전체에 1회 도포한다. 
화이트 네일 폴리시	⓮ ~ ⓯ 화이트 네일 폴리시를 사용하여 딥 프렌치 라인을 2회 그린다. [딥 프렌치 컬러링 순서]  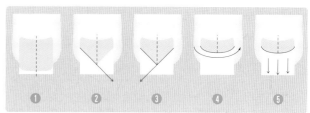 [딥 프렌치 컬러링 방법] ❶ 네일 폴리시 브러시 끝부분을 사용하여 프리에지에 화이트 네일 폴리시를 도포한다. ❷ 왼쪽 사이드 1/2 이상 부분에서 프리에지 중앙 부분을 향하여 화이트 네일 폴리시로 딥 프렌치 라인을 그린다. ❸ 오른쪽 사이드 1/2 이상 부분에서 프리에지 중앙 부분을 향하여 화이트 네일 폴리시로 딥 프렌치 라인을 그린다. ❹ 왼쪽 사이드 1/2 이상 부분에서 오른쪽 1/2 이상 부분을 향하여 화이트 네일 폴리시로 딥 프렌치 라인을 연결한다. ❺ 딥 프렌치 라인을 맞추어 가며 세로 방향으로 화이트 네일 폴리시를 도포한다.  반월 미만 — 1/2 이상 딥 프렌치 라인 (발톱 전체 길이의 1/2 이상, 반월 부분 미만)

Highlight!

톱코트	⑯ 브러시 끝부분을 사용하여 프리에지에 톱코트를 도포한 후 발톱 전체에 1회 도포한다. 💡 톱코트 도포 후 오일 사용 금지!	
오렌지 우드스틱	⑰ 오렌지 우드스틱에 탈지면을 감고 네일 폴리시리무버를 적셔 발톱 주변에 묻은 네일 폴리시를 수정한다.	
작업대	⑱ 사용한 페이퍼타월과 쓰레기를 전부 위생봉지에 버린다. 사용한 재료와 도구를 원위치에 두어 정리하고 뚜껑을 모두 닫는다. 작업대를 깨끗이 정리하고 감독위원을 기다린다.	

3 작업과정 쓱 점검하기

손, 발 소독(수험자, 모델) ⇨ 네일 폴리시 제거 ⇨ 스퀘어 형태 ⇨ 표면 정리 ⇨ 분진 제거 ⇨ 큐티클 불리기 ⇨ 큐티클 밀기 ⇨ 큐티클 정리 ⇨ 소독 ⇨ 유분기 제거 ⇨ 토 세퍼레이터 끼우기 ⇨ 베이스코트 1회 도포 ⇨ 화이트 네일 폴리시 딥 프렌치 2회 도포 ⇨ 톱코트 1회 도포 ⇨ 수정 ⇨ 작업대 정리

4 완성!

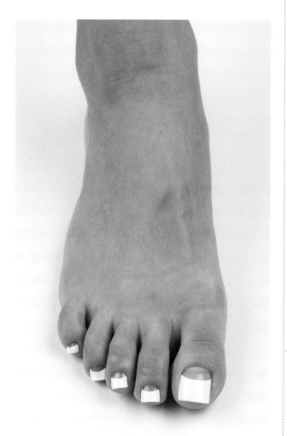

딥 프렌치 화이트 정면

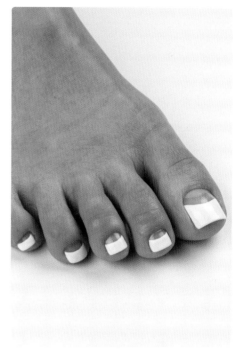

딥 프렌치 화이트 옆면

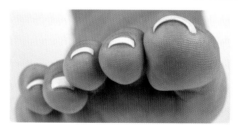

딥 프렌치 화이트 프리에지 단면

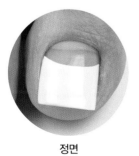

정면

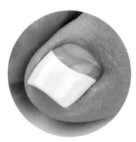

왼쪽 옆면

오른쪽 옆면

프리에지 단면

02. 딥 프렌치 화이트

(배점 20점)

사전체크	소독	셰이프	큐티클 정리	딥 프렌치 컬러링	완성도
				★	

1. 사전체크

❶ 수험자와 모델의 복장이 규정에 맞는지 확인할 수 있다.
❷ 작업대의 네일 재료와 도구의 위생 상태를 확인하고 불필요한 재료(네일 폴리시 이외의 브러시 등) 유무와 구비
   되어 있지 않은 재료 목록을 확인할 수 있다.
❸ 사전에 모델의 자연발톱 형태가 스퀘어 형태로 정리되어 있지 않은 상태인지 확인할 수 있다.
❹ 사전에 모델의 큐티클이 정리가 되어 있지 않은 상태인지 확인할 수 있다.
❺ 레드 네일 폴리시가 모델의 오른발 1~5지에 풀 코트로 도포되어 있는지 확인할 수 있다.

2. 소독

❶ 실기시험 시작 후 수험자와 모델이 올바른 방법으로 소독을 하였는지 확인할 수 있다.
❷ 큐티클 정리가 끝난 후 중간 소독 여부를 확인할 수 있다.

3. 셰이프

❶ 자연네일용 파일로 비비거나 문지르지 않고 스퀘어 형태의 올바른 네일 파일 방법을 하였는지 확인할 수 있다.
❷ 발톱의 끝부분이 직선의 형태를 이루는지, 1~5지의 스퀘어 형태가 전부 동일한지 확인할 수 있다.
❸ 발톱의 길이가 피부의 선단을 넘었는지 확인할 수 있다.

4. 큐티클 정리

❶ 올바른 큐티클 푸셔의 각도와 큐티클 니퍼의 사용 방법을 확인할 수 있다.
❷ 큐티클이 올바르게 정리되었는지, 출혈(감점요인)이 발생하였는지 확인할 수 있다.

5. 딥 프렌치 컬러링 ★

❶ 딥 프렌치 라인이 발톱 전체 1/2 이상, 반월 부분 미만으로 사이드 부분, 프리에지 단면까지 화이트 네일 폴리시
   가 도포되었는지 확인할 수 있다.
❷ 화이트 네일 폴리시가 브러시 자국 없이 1~5지에 일정한 라인과 두께로 도포되었는지 확인할 수 있다.

6. 완성도

❶ 톱코트까지 전부 도포되었는지, 톱코트 후 오일을 사용하지는 않았는지 확인할 수 있다.
❷ 발톱 주변에 묻은 네일 폴리시의 유무, 발톱 아래의 위생 상태와 전체적인 마무리 상태를 확인할 수 있다.
❸ 사용한 재료의 뚜껑을 모두 닫고 작업대 위에 쓰레기가 없는지 등 정리정돈 상태를 체크할 수 있다.

03 그러데이션 화이트

 본 교재에 수록된 모든 작업사진은 수험자의 시선으로 구성하였다.

1 작업과정 쏙 한눈에 보기

⏰ 시간: 30분

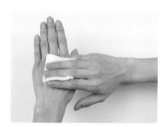
❶ 수험자 손 소독하기

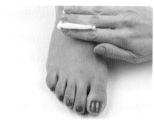
❷ 모델 오른발 및 발톱 소독하기

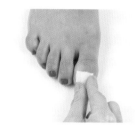
❸ 네일 폴리시 제거하기

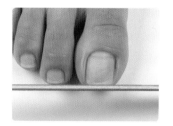
❹ 스퀘어 형태 조형하기

❺ 표면 정리하기

❻ 분진 제거하기

⏰ 10분 내외

❼ 분무기 분사하기

❽ 큐티클 연화제 사용하기

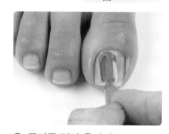
❾ 큐티클 밀어 올리기

❿ 큐티클 정리하기

⓫ 큐티클 주변 소독하기

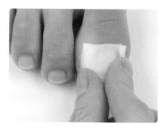
⓬ 유분기 제거하기

⏰ 20분 내외

⑬ 베이스코트 1회 도포하기

💡 베이스코트 도포 전에 반드시 토 세퍼 레이터를 끼운다.

⑭ 화이트 네일 폴리시 스펀지에 적시기

⑮ 화이트 네일 폴리시 그러데이션 하기

⑯ 톱코트 1회 도포하기

⑰ 수정하기

⑱ 작업대 정리하기

⏰ 30분 종료

❶ 소독제를 탈지면에 분사하여 수험자의 양 손을 소독한다.

❷ 소독제를 탈지면에 분사하여 모델의 오른발 및 발톱을 소독한다.
(발목부터 프리에지 방향으로 발등과 발바닥, 발가락 사이, 발톱을 소독)

소독제

 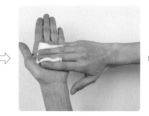 

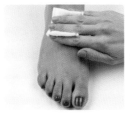  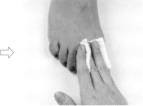

❸ 네일 폴리시리무버를 탈지면에 적셔 모델의 오른발 1~5지에 도포되어 있는 네일 폴리시를 제거한다.

💡 *제거하는 발가락의 순서는 상관이 없으나 탈지면을 전부 올려두면 안 된다!*

**네일
폴리시리무버**

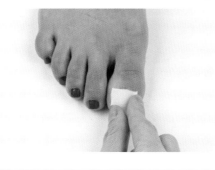 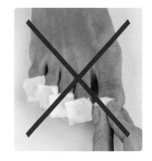

❹ 자연네일용 파일을 사용하여 모델의 오른발을 스퀘어 형태로 조형한다. 발톱의 양쪽 사이드 라인을 일직선으로 정리하고, 프리에지의 오른쪽을 향하여 한 방향으로 네일 파일링해야 한다.

**자연네일용
파일**

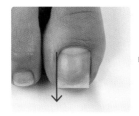  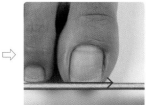

샌딩 파일	❺ 샌딩 파일을 사용하여 발톱의 표면을 부드럽게 정리한다.	
네일 더스트 브러시	❻ 멸균거즈를 사용하여 네일 더스트 브러시의 물기를 완전히 제거한다. 물기가 제거된 네일 더스트 브러시를 사용하여 발톱 주변의 분진을 제거한다.	
분무기	❼ 미온수가 담겨 있는 분무기를 모델의 발 큐티클 부분에 분사한다. 일정 시간이 경과한 후 모델의 발에 멸균거즈를 사용하여 물기를 제거한다.	
큐티클 연화제	❽ 큐티클 연화제(큐티클 리무버, 큐티클 오일, 큐티클 크림 등)를 선택사항으로 사용하여 큐티클 정리를 할 수 있다.	
큐티클 푸셔	❾ 큐티클 푸셔를 45° 각도로 사용하여 큐티클을 밀어 올려 준다.	 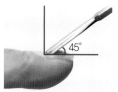
큐티클 니퍼	❿ 큐티클 니퍼의 날이 발톱 표면을 손상시키지 않도록 큐티클 니퍼를 들어 올리지 않고 뒤로 빼듯이 조심스럽게 불필요한 큐티클을 정리한다.	
소독제	⓫ 소독제를 탈지면에 분사하여 모델의 큐티클 주변을 반드시 소독한다. 이후 멸균거즈에 분무기를 분사하여 발 전체를 닦아 줄 수 있다.	

네일 폴리시리무버	⓬ 네일 폴리시리무버를 탈지면에 적셔 발톱의 유분기를 제거한다. 오렌지 우드스틱을 사용하여 발톱 표면의 유분기를 제거하고 발톱 아래 잔여물을 제거한다. 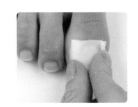
베이스코트	💡 베이스코트 도포 전에 반드시 토 세퍼레이터를 끼운다. ⓭ 브러시 끝부분을 사용하여 프리에지에 베이스코트를 도포한 후 발톱 전체에 1회 도포한다. 
스펀지	⓮ 스펀지를 3등분하여 아랫부분에 화이트 네일 폴리시를 적시고 윗부분에 베이스코트를 적신 후 중간부분을 자연스럽게 그러데이션한다. 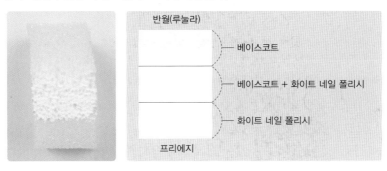

⓯ 화이트 네일 폴리시를 사용하여 그러데이션을 한다.

[그러데이션 컬러링 순서]

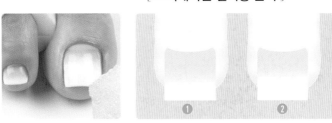

[그러데이션 컬러링 방법]

❶ 스펀지를 사용하여 프리에지에 화이트 네일 폴리시를 도포한다.
❷ 스펀지에 아랫부분의 짙은 화이트 네일 폴리시 부분이 프리에지에 닿고 윗부분의 베이스코트 부분이 반월에 닿게 한 후, 스펀지를 발톱에 가볍게 두드려 준다.
❸ 반복적으로 가볍게 두드려 컬러의 경계를 없애고 자연스러운 그러데이션이 되도록 한다.

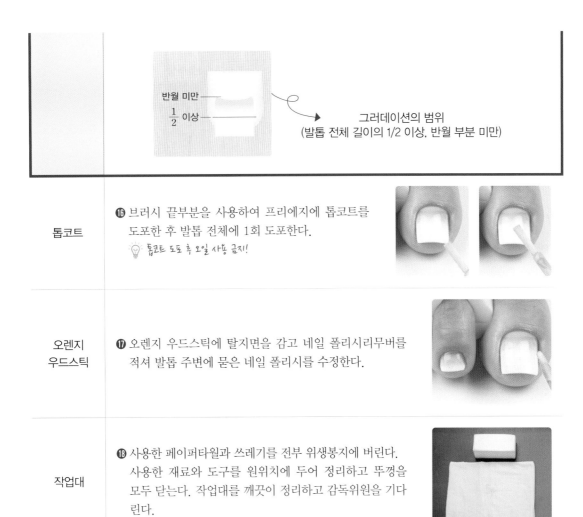

반월 미만 ─
$\frac{1}{2}$ 이상 ─

→ 그러데이션의 범위
(발톱 전체 길이의 1/2 이상, 반월 부분 미만)

톱코트	⓰ 브러시 끝부분을 사용하여 프리에지에 톱코트를 도포한 후 발톱 전체에 1회 도포한다. 💡 톱코트 도포 후 오일 사용 금지!
오렌지 우드스틱	⓱ 오렌지 우드스틱에 탈지면을 감고 네일 폴리시리무버를 적셔 발톱 주변에 묻은 네일 폴리시를 수정한다.
작업대	⓲ 사용한 페이퍼타월과 쓰레기를 전부 위생봉지에 버린다. 사용한 재료와 도구를 원위치에 두어 정리하고 뚜껑을 모두 닫는다. 작업대를 깨끗이 정리하고 감독위원을 기다린다.

3 작업과정 쓱 점검하기

손, 발 소독(수험자, 모델) ⇨ 네일 폴리시 제거 ⇨ 스퀘어 형태 ⇨ 표면 정리 ⇨ 분진 제거
⇨ 큐티클 불리기 ⇨ 큐티클 밀기 ⇨ 큐티클 정리 ⇨ 소독 ⇨ 유분기 제거 ⇨ 토 세퍼레이터 끼우기
⇨ 베이스코트 1회 도포 ⇨ 화이트 네일 폴리시 그러데이션 도포 ⇨ 톱코트 1회 도포
⇨ 수정 ⇨ 작업대 정리

4 완성!

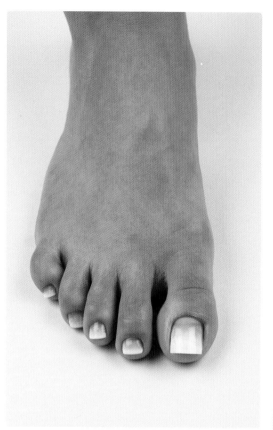

그러데이션 화이트 정면

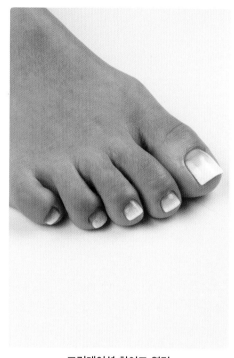

그러데이션 화이트 옆면

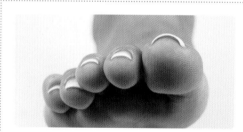

그러데이션 화이트 프리에지 단면

정면

왼쪽 옆면

오른쪽 옆면

프리에지 단면

평가 포인트

03. 그러데이션 화이트

(배점 20점)

사전체크	소독	셰이프	큐티클 정리	그러데이션 컬러링	완성도
				★	

1. 사전체크

❶ 수험자와 모델의 복장이 규정에 맞는지 확인할 수 있다.

❷ 작업대의 네일 재료와 도구의 위생 상태를 확인하고 불필요한 재료 유무와 구비되어 있지 않은 재료 목록을 확인할 수 있다.

❸ 사전에 모델의 자연발톱 형태가 스퀘어 형태로 정리되어 있지 않은 상태인지 확인할 수 있다.

❹ 사전에 모델의 큐티클이 정리가 되어 있지 않은 상태인지 확인할 수 있다.

❺ 레드 네일 폴리시가 모델의 오른발 1~5지에 풀 코트로 도포되어 있는지 확인할 수 있다.

2. 소독

❶ 실기시험 시작 후 수험자와 모델이 올바른 방법으로 소독을 하였는지 확인할 수 있다.

❷ 큐티클 정리가 끝난 후 중간 소독 여부를 확인할 수 있다.

3. 셰이프

❶ 자연네일용 파일로 비비거나 문지르지 않고 스퀘어 형태의 올바른 네일 파일 방법을 하였는지 확인할 수 있다.

❷ 발톱의 끝부분이 직선의 형태를 이루는지, 1~5지의 스퀘어 형태가 전부 동일한지 확인할 수 있다.

❸ 발톱의 길이가 피부의 선단을 넘었는지 확인할 수 있다.

4. 큐티클 정리

❶ 올바른 큐티클 푸셔의 각도와 큐티클 니퍼의 사용 방법을 확인할 수 있다.

❷ 큐티클이 올바르게 정리되었는지, 출혈(감점요인)이 발생하였는지 확인할 수 있다.

5. 그러데이션 컬러링 ★

❶ 그러데이션이 발톱 전체의 1/2 이상, 반월 부분 미만이며 사이드 부분, 프리에지 단면까지 화이트 네일 폴리시가 도포되었는지 확인할 수 있다.

❷ 화이트 네일 폴리시가 스펀지 자국 없이 1~5지에 일정하게 도포되었는지 확인할 수 있다.

6. 완성도

❶ 톱코트까지 전부 도포되었는지, 톱코트 후 오일을 사용하지는 않았는지 확인할 수 있다.

❷ 발톱 주변에 묻은 네일 폴리시의 유무, 발톱 아래의 위생 상태와 전체적인 마무리 상태를 확인할 수 있다.

❸ 사용한 재료의 뚜껑을 모두 닫고 작업대 위에 쓰레기가 없는지 등 정리정돈 상태를 체크할 수 있다.

계획하지 않는 것은
실패를 계획하는 것과 같다.

에피 닐 존스(Effie Neal Jones)

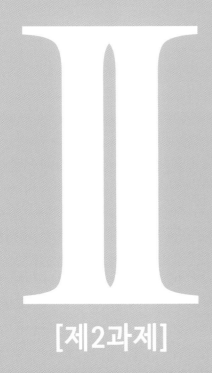

Ⅱ

[제2과제]

젤 매니큐어

01 선 마블링

02 부채꼴 마블링

Nailist

II 젤 매니큐어

제2과제 젤 매니큐어 준비사항

(1) 수험자 및 모델 준비

• 흰색 위생가운 착용
• 마스크 착용
• 청결한 손

수험자

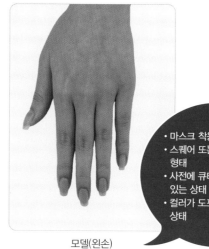

• 마스크 착용
• 스퀘어 또는 스퀘어 오프 형태
• 사전에 큐티클 정리가 되어 있는 상태
• 컬러가 도포되어 있지 않은 상태

모델(왼손)

(2) 젤 매니큐어 작업대 준비

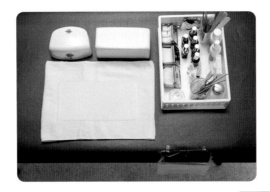

준비물

❶ 작업대를 소독제로 소독한 후 위생 처리된 수건을 펼쳐 정리한다.
❷ 수건 위에 페이퍼타월을 올려 놓는다.
❸ 손목 받침대를 모델 앞에 놓는다.
❹ 수험자의 오른쪽 작업대에 위생봉지를 부착한다.
❺ 재료 정리함을 오른쪽에 놓는다.
❻ 젤 램프기기의 입구는 모델이 바로 손을 넣을 수 있게 방향을 맞추어서 놓는다.

수건, 손목 받침대, 페이퍼타월, 위생봉지(투명 테이프), 재료 정리함, 젤 램프기기

(3) 젤 매니큐어 정리함 준비

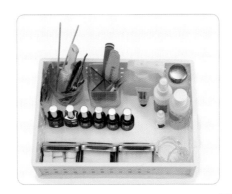

준비물

❶ 2과제(젤 매니큐어) 시 필요한 모든 재료를 정리함 안에 세팅한다.
❷ 작업 시 사용되는 일회용 재료는 반드시 새 것을 사용한다.
❸ 파일 꽂이에 자연네일용 파일, 샌딩 파일, 젤 브러시를 세워 둔다.
❹ 소독용기 바닥에 탈지면을 2장 깔고 에탄올을 2/3 이상 넣고 큐티클 니퍼, 큐티클 푸셔, 네일 클리퍼, 네일 더스트 브러시, 오렌지 우드스틱을 담가 둔다.
❺ 네일 폴리시리무버는 사용이 용이하도록 사전에 디스펜서에 담아서 준비한다.
❻ 뚜껑이 있는 용기에 탈지면(大, 小), 멸균거즈를 넣어 둔다.
❼ 분무기 안에 물을 넣어 둔다(물티슈 대용으로 멸균거즈와 함께 사용).
❽ 필요한 경우 아트용 팔레트(포일)를 미리 준비해 둔다.

• 소독용기(에탄올) – 큐티클 니퍼, 큐티클 푸셔, 네일 클리퍼, 네일 더스트 브러시, 오렌지 우드스틱
• 용기 – 탈지면 大(소독용), 小(제거용), 멸균거즈
• 파일 꽂이 – 자연네일용 파일, 샌딩 파일, 젤 브러시
• 정리함 – 젤 네일 폴리시(레드, 화이트), 톱 젤, 베이스 젤, 젤 클렌저, 젤 브러시(필요량), 아트용 팔레트(포일), 네일 폴리시리무버(디스펜서), 지혈제, 분무기, 소독제, 전 처리제(선택사항)

Gel Manicure

젤 매니큐어

01. 선 마블링
02. 부채꼴 마블링

💡 젤 매니큐어 01 ~ 02 세부과제 중 한 과제가 시험 당일 랜덤 선정

실기시험 규정 ●────────────

1. 요구사항

❶ 수험자의 손 및 모델의 손과 손톱을 소독한다.

❷ 필요한 경우 모델의 왼손에 건식 케어를 할 수 있다.

❸ 손톱 프리에지의 형태를 라운드로 조형한다.

❹ 자연네일 표면을 샌딩 파일로 정리한다.

❺ 손톱 주변의 잔여물 및 유·수분기를 제거한다.

❻ 프리에지 단면의 앞 선까지 컬러를 모두 도포한다.

❼ 젤 램프기기는 수험자의 상황에 맞게 사용한다.

01. 선 마블링	• 화이트와 레드 젤 네일 폴리시를 사용하여 왼손 1~5지 손톱에 선 마블링으로 완성한다. • 베이스 젤 1회 – 화이트와 레드 젤 폴리시 선 마블링 – 톱 젤 1회로 완성한다. • 세로선: (화이트 4개, 레드 4개) 8개를 일정한 간격으로 교대 배열 • 가로줄: (5개) 좌·우측 방향으로 번갈아 가며 완만한 곡선을 이루어 교차하는 줄 　＊단, 5지(새끼손가락)의 경우 세로선 총 6개(화이트, 레드 각 3개), 가로줄 3개로 줄여서 작업할 수 있음
02. 부채꼴 마블링	• 화이트와 레드 젤 네일 폴리시를 사용하여 왼손 1~5지 손톱에 부채꼴 마블링으로 완성한다. • 베이스 젤 1회 – 레드 젤 네일 폴리시 1회 이상 – 화이트와 레드 젤 네일 폴리시 부채꼴 마블링 – 톱 젤 1회로 완성한다. • 가로선: (화이트 4개, 레드 3개) 7개의 선이 일정한 폭과 간격으로 번갈아 가며 교차된 둥근 부채꼴 모양 • 세로줄: (7개) 구심점을 중심으로 일정한 간격 　＊단, 5지(새끼손가락)의 경우 가로선 총 5개(화이트 3개, 레드 2개), 세로줄 5개로 줄여서 작업할 수 있음

2. 수험자 유의사항

❶ 모델의 손톱 준비상태는 사전에 큐티클 정리가 되어 있어야 한다.

❷ 자연네일 파일링 시 비비지 말고 한 방향으로 네일 파일링해야 한다.

❸ 프리에지의 길이는 옐로 라인의 중심에서 5mm 이내로 일정하게 한다.

❹ 큐티클 연화제, 멸균거즈는 적절히 사용할 수 있다.

❺ 젤 네일 폴리시 외 부적합한 제품(물감, 통젤, 레드를 벗어난 컬러 등)을 사용할 수 없다.

❻ 젤 경화 시간을 준수하여, 필요시 미경화된 부분이 남지 않도록 작업해야 한다.

❼ 톱 젤 도포 후 마무리 시, 오일을 사용해서는 안 된다.

❽ 컬러 도포 시 네일 폴리시의 브러시를 사용해야 한다.

❾ 큐티클 니퍼, 큐티클 푸셔, 네일 클리퍼, 네일 더스트 브러시, 오렌지 우드스틱은 에탄올 소독용기에 담가 두어야 한다.

❿ 제시된 시험시간 안에 모든 작업과 마무리 및 주변 정리정돈을 끝내야 한다.

셰이프	대상부위	시간	배점
라운드	왼손 1∼5지 손톱	35분	20점

세부 과제	01. 선 마블링 (레드＆화이트)	
	02. 부채꼴 마블링 (레드＆화이트)	

＊선 마블링: 세로선 8개(레드 4, 화이트 4), 가로줄 5개
＊부채꼴 마블링: 가로선 7개(화이트 4, 레드 3), 세로줄 7개

01 선 마블링

💡 본 교재에 수록된 모든 작업사진은 수험자의 시선으로 구성하였다.

💡 본 저자가 사용한 젤 네일 폴리시 제품은 전부 미경화 젤이 남지 않는 제품으로 미경화 젤 닦는 과정을 생략한다.

1 작업과정 쏙 한눈에 보기

⏰ 시간: 35분

❶ 수험자 손 소독하기

❷ 모델 왼손 및 손톱 소독하기

❸ 라운드 형태 조형하기

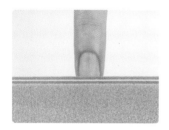
❹ 표면 정리하기

❺ 분진 제거하기

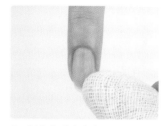
❻ 유분기 제거하기

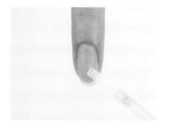
❼ 전 처리제 사용하기

❽ 베이스 젤 1회 도포하기
⏰ 10분 내외

❾ 경화하기

❿ 레드와 화이트 젤 네일 폴리시
로 세로선 8개 그리기

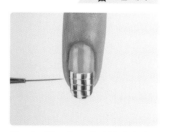
⓫ 가로줄 5개 그려 마블링하기

⓬ 수정하기
⏰ 25분 내외

⓭ 경화하기

⓮ 톱 젤 1회 도포하기

⓯ 경화하기

⓰ 작업대 정리하기

⏰ 35분 종료

❶ 소독제를 탈지면에 분사하여 수험자의 양 손을 소독한다.

❷ 소독제를 탈지면에 분사하여 모델의 왼손 및 손톱을 소독한다.
(팔목부터 프리에지 방향으로 손등과 손바닥, 손가락 사이, 손톱을 소독)

소독제

❸ 자연네일용 파일을 사용하여 모델의 왼손을 라운드 형태로 조형한다. 손톱 프리에지 중앙을 중심으로, 한 방향으로 네일 파일링해야 한다.
＊자연네일의 길이: 옐로 라인의 중심에서 5mm 이내

자연네일용
파일

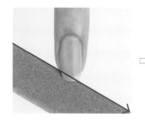 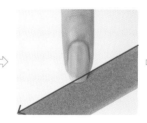 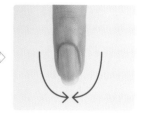

샌딩 파일

❹ 샌딩 파일을 사용하여 손톱의 표면을 부드럽게 정리한다.

네일 더스트 브러시	❺ 멸균거즈를 사용하여 네일 더스트 브러시의 물기를 완전히 제거한다. 물기가 제거된 네일 더스트 브러시를 사용하여 손톱 주변의 분진을 제거한다.	
멸균거즈	❻ 멸균거즈에 분무기를 분사하여 손 전체를 닦아 주고 손톱 주변의 잔여물을 제거한다. 네일 폴리시리무버를 적시고 손톱의 유분기를 제거한다.	
전 처리제	❼ 전 처리제(네일 프라이머, 젤 본더 등)를 선택사항으로 사용할 수 있다.	
베이스 젤	❽ 브러시 끝부분을 사용하여 프리에지에 베이스 젤을 도포한 후 손톱 전체에 1회 도포한다.	 
젤 램프기기	❾ 젤 램프기기 입구에 모델의 손이 닿지 않게 주의하며 손톱 끝부분이 살짝 아래를 향하게 손을 넣는다. 💡 경화 시간은 젤 램프기기에 맞게 적절히 사용한다. 또한 젤 네일은 특성상 모델의 협조가 적극 필요한 과제이므로 사전에 모델에게 경화 시 주의점에 대해 설명해야 한다. 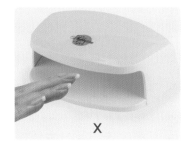 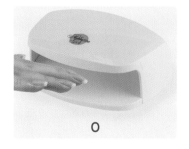 X O	

⑩ 레드와 화이트 젤 네일 폴리시를 사용하여 세로선 8개를 그린다.

🔅 레드 컬러 4개와 화이트 컬러 4개는 일정한 간격으로 교대 배열되어 완성되어야 한다!

[세로선 8개 도포 순서]

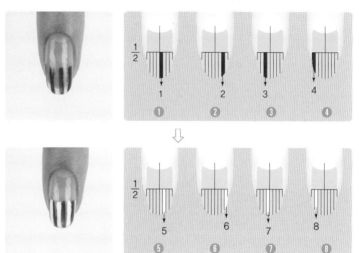

🔅 선 마블링은 손톱의 1/2 지점에 해야 하기 때문에 1/2 아랫부분을 총 8등분하여 세로선이 들어갈 위치를 미리 확인해 둔다! 모든 세로선은 손톱 전체의 1/2 지점보다 살짝 위(1mm 정도)에서 시작해야 추후 프렌치 라인의 가로줄 정리로 선의 위치가 내려가서 1/2 지점이 된다.

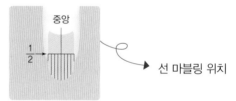

선 마블링 위치

[세로선 8개 도포 방법]

레드&화이트 젤 네일 폴리시 + 젤 브러시		

❶ 레드 컬러로 손톱 중앙에서 오른쪽에 1번 세로선을 그린다.

❷ 레드 컬러로 1번 세로선의 폭과 동일한 간격을 남겨 두고 오른쪽에 2번 세로선을 그린다. 동일한 간격이 오른쪽 끝부분에 남아 있어야 한다.

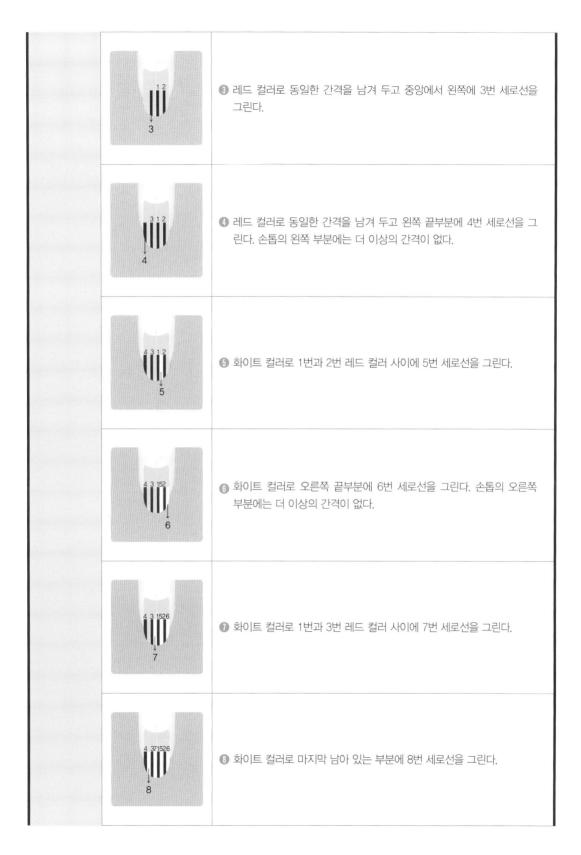

❸ 레드 컬러로 동일한 간격을 남겨 두고 중앙에서 왼쪽에 3번 세로선을 그린다.

❹ 레드 컬러로 동일한 간격을 남겨 두고 왼쪽 끝부분에 4번 세로선을 그린다. 손톱의 왼쪽 부분에는 더 이상의 간격이 없다.

❺ 화이트 컬러로 1번과 2번 레드 컬러 사이에 5번 세로선을 그린다.

❻ 화이트 컬러로 오른쪽 끝부분에 6번 세로선을 그린다. 손톱의 오른쪽 부분에는 더 이상의 간격이 없다.

❼ 화이트 컬러로 1번과 3번 레드 컬러 사이에 7번 세로선을 그린다.

❽ 화이트 컬러로 마지막 남아 있는 부분에 8번 세로선을 그린다.

⓫ 좌·우측 방향으로 번갈아 가며 교차하는 가로줄 5개를 그려 마블링한다.

🔆 5개의 가로줄이 일정한 간격으로 교차되어 완성되어야 한다!

[가로줄 5개 마블링 순서]

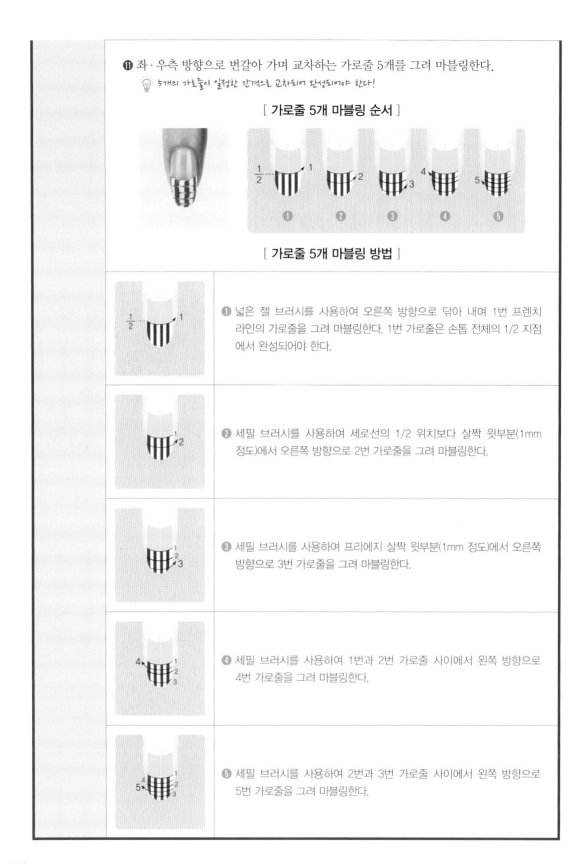

[가로줄 5개 마블링 방법]

❶ 넓은 젤 브러시를 사용하여 오른쪽 방향으로 닦아 내며 1번 프렌치 라인의 가로줄을 그려 마블링한다. 1번 가로줄은 손톱 전체의 1/2 지점에서 완성되어야 한다.

❷ 세필 브러시를 사용하여 세로선의 1/2 위치보다 살짝 윗부분(1mm 정도)에서 오른쪽 방향으로 2번 가로줄을 그려 마블링한다.

❸ 세필 브러시를 사용하여 프리에지 살짝 윗부분(1mm 정도)에서 오른쪽 방향으로 3번 가로줄을 그려 마블링한다.

❹ 세필 브러시를 사용하여 1번과 2번 가로줄 사이에서 왼쪽 방향으로 4번 가로줄을 그려 마블링한다.

❺ 세필 브러시를 사용하여 2번과 3번 가로줄 사이에서 왼쪽 방향으로 5번 가로줄을 그려 마블링한다.

오렌지 우드스틱	❷ 오렌지 우드스틱에 탈지면을 감고 젤 클렌저를 적셔 손톱 주변에 묻은 젤 네일 폴리시를 수정한다.	
젤 램프기기	❸ 젤 램프기기 입구에 모델의 손이 닿지 않게 주의하며 손톱 끝부분이 살짝 아래를 향하게 손을 넣는다.	
톱 젤	❹ 브러시 끝부분을 사용하여 프리에지에 톱 젤을 도포한 후 손톱 전체에 1회 도포한다. 💡 톱 젤 도포 후 오일 사용 금지!	 
젤 램프기기	❺ 젤 램프기기 입구에 모델의 손이 닿지 않게 주의하며 손톱 끝부분이 살짝 아래를 향하게 손을 넣는다. 톱 젤 경화 후에는 최종적으로 미경화 젤이 남아 있는지 반드시 확인한다. 💡 미경화 젤이 남은 경우에는 탈지면에 젤 클렌저를 적셔 제거해야 한다.	
작업대	❻ 사용한 페이퍼타월과 쓰레기를 전부 위생봉지에 버린다. 사용한 재료와 도구를 원위치에 두어 정리하고 뚜껑을 모두 닫는다. 작업대를 깨끗이 정리하고 감독위원을 기다린다.	

3 작업과정 쓱 점검하기

[
손 소독(수험자, 모델) ⇨ 라운드 형태 ⇨ 표면 정리 ⇨ 분진, 유분기 제거 ⇨ 베이스 젤 1회 도포

⇨ 경화 ⇨ 선 마블링 ⇨ 경화 ⇨ 톱 젤 1회 도포 ⇨ 경화 ⇨ 작업대 정리
]

4 완성!

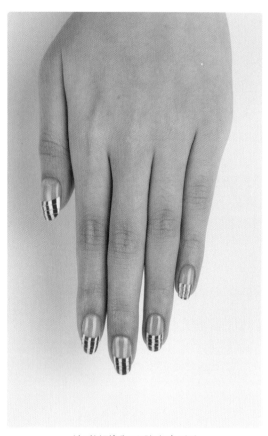

선 마블링(레드&화이트) 정면

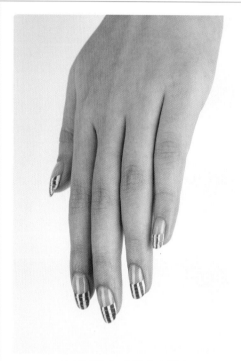

선 마블링(레드&화이트) 옆면

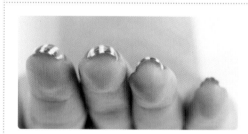

선 마블링(레드&화이트) 프리에지 단면

정면

왼쪽 옆면

오른쪽 옆면

프리에지 단면

평가 포인트

01. 선 마블링

(배점 20점)

사전체크	소독	셰이프	선 마블링	완성도
			★	

1. 사전체크

❶ 수험자와 모델의 복장이 규정에 맞는지 확인할 수 있다.
❷ 작업대의 네일 재료와 도구의 위생 상태를 확인하고 불필요한 재료(통젤, 물감 등) 유무와 구비되어 있지 않은 재료목록을 확인할 수 있다.
❸ 사전에 모델 왼손에 큐티클 정리가 되어 있는 상태인지 확인할 수 있다.

2. 소독

❶ 실기시험 시작 후 수험자와 모델이 올바른 방법으로 소독을 하였는지 확인할 수 있다.

3. 셰이프

❶ 자연네일용 파일로 비비거나 문지르지 않고 라운드 형태의 올바른 네일 파일 방법을 하였는지 확인할 수 있다.
❷ 손톱의 좌우 대칭이 맞는지, 1~5지에 라운드 형태가 전부 동일하고 5mm 이내의 길이로 일정한지 확인할 수 있다.

4. 선 마블링 ★

❶ 손톱 전체의 1/2 위치에서 레드 4개, 화이트 4개 총 8개의 세로선이 일정한 간격으로 교대로 배열되어 있는지 확인할 수 있다.
❷ 프리에지 단면까지 레드와 화이트 젤 네일 폴리시가 도포되어 있는지 확인할 수 있다.
❸ 5개의 가로줄이 좌·우측 방향으로 번갈아 가며 교차로 마블링되어 있는지 확인할 수 있다.

5. 완성도

❶ 톱 젤까지 전부 도포되었는지, 톱 젤 후 오일을 사용하지는 않았는지 확인할 수 있다.
❷ 손톱 주변에 묻은 젤 네일 폴리시의 유무, 손톱 아래의 위생 상태를 확인할 수 있다.
❸ 경화 후 톱 젤의 미경화 젤이 남아 있지 않은지 전체적인 마무리 상태를 확인할 수 있다.
❹ 사용한 재료의 뚜껑을 모두 닫고 작업대 위에 쓰레기가 없는지 등 정리정돈 상태를 체크할 수 있다.

부채꼴 마블링

💡 본 교재에 수록된 모든 작업사진은 수험자의 시선으로 구성하였다.

💡 본 저자가 사용한 젤 네일 폴리시 제품은 전부 미경화 젤이 남지 않는 제품으로 미경화 젤 닦는 과정을 생략한다.

1 작업과정 쏙 한눈에 보기

⏰ 시간: 35분

❶ 수험자 손 소독하기

❷ 모델 왼손 및 손톱 소독하기

❸ 라운드 형태 조형하기

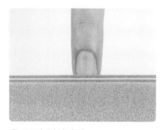
❹ 표면 정리하기

❺ 분진 제거하기

❻ 유분기 제거하기

❼ 전 처리제 사용하기

❽ 베이스 젤 1회 도포하기
⏰ 10분 내외

❾ 경화하기

❿ 레드 젤 네일 폴리시 1회 도포
하여 풀 코트하기

⓫ 수정하기

⓬ 경화하기
⏰ 20분 내외

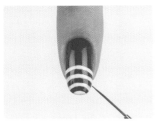

⓭ 화이트와 레드 젤 네일 폴리시
로 가로선 7개 그리기

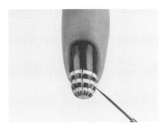

⓮ 세로줄 7개 그려 마블링하기

⓯ 수정하기

⓰ 경화하기

⓱ 톱 젤 1회 도포하기

🕐 30분 내외

⓲ 경화하기

⓳ 작업대 정리하기

 35분 종료

❶ 소독제를 탈지면에 분사하여 수험자의 양 손을 소독한다.

❷ 소독제를 탈지면에 분사하여 모델의 왼손 및 손톱을 소독한다.
 (팔목부터 프리에지 방향으로 손등과 손바닥, 손가락 사이, 손톱을 소독)

소독제

❸ 자연네일용 파일을 사용하여 모델의 왼손을 라운드 형태로 조형한다. 손톱 프리에지 중앙을 중심으로, 한 방향으로 네일 파일링해야 한다.

 *자연네일의 길이: 옐로 라인의 중심에서 5mm 이내

자연네일용 파일

 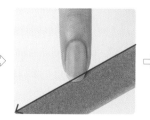 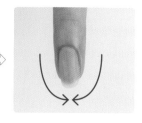

샌딩 파일

❹ 샌딩 파일을 사용하여 손톱의 표면을 부드럽게 정리한다.

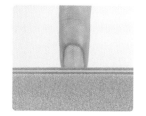

네일 더스트 브러시	❺ 멸균거즈를 사용하여 네일 더스트 브러시의 물기를 완전히 제거한다. 물기가 제거된 네일 더스트 브러시를 사용하여 손톱 주변의 분진을 제거한다.	
멸균거즈	❻ 멸균거즈에 분무기를 분사하여 손 전체를 닦아 주고 손톱 주변의 잔여물을 제거한다. 네일 폴리시리무버를 적시고 손톱의 유분기를 제거한다.	
전 처리제	❼ 전 처리제(네일 프라이머, 젤 본더 등)를 선택사항으로 사용할 수 있다.	
베이스 젤	❽ 브러시 끝부분을 사용하여 프리에지에 베이스 젤을 도포한 후 손톱 전체에 1회 도포한다.	 

❾ 젤 램프기기 입구에 모델의 손이 닿지 않게 주의하며 손톱 끝부분이 살짝 아래를 향하게 손을 넣는다.

💡 경화 시간은 젤 램프기기에 맞게 적절히 사용한다. 또한 젤 네일은 특성상 모델의 협조가 적극 필요한 과제이므로 사전에 모델에게 경화 시 주의점에 대해 설명해야 한다.

젤 램프기기

X

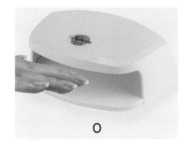
O

레드 젤 네일 폴리시	⑩ 브러시 끝부분을 사용하여 프리에지에 레드 젤 네일 폴리시를 도포한 후 손톱 전체에 1회 이상 풀 코트한다. 1회 풀 코트 시 레드 컬러의 발색이 되는 경우 2회는 생략할 수 있다. 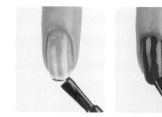
오렌지 우드스틱	⑪ 오렌지 우드스틱에 탈지면을 감고 젤 클렌저를 적셔 손톱 주변에 묻은 젤 네일 폴리시를 수정한다. 
젤 램프기기	⑫ 젤 램프기기 입구에 모델의 손이 닿지 않게 주의하며 손톱 끝부분이 살짝 아래를 향하게 손을 넣는다. 

레드&화이트 젤 네일 폴리시 + 젤 브러시	⑬ 화이트와 레드 젤 네일 폴리시를 사용하여 가로선 7개를 그린다. 💡 화이트 컬러 4개와, 레드 컬러 3개가 일정한 폭과 간격으로 번갈아 가며 교차된 둥근 부채꼴 모양으로 완성되어야 한다! [가로선 7개 도포 순서] 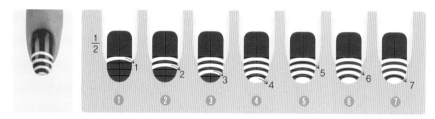 💡 부채꼴 마블링은 손톱의 1/2 지점에 해야 하기 때문에 1/2 아랫부분에 7개의 가로선이 들어갈 위치를 확인한 후 일정한 간격을 유지하여 총 4개의 화이트 점을 미리 표시해둔다! 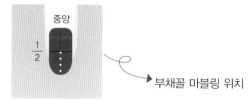

[가로선 7개 도포 방법]

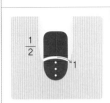

❶ 화이트 컬러로 손톱의 정중앙에서 좌우로 대칭을 맞추어 가며 1번 가로선을 곡선으로 그린다.

＊곡선은 아래 점의 양 끝부분까지 형성해야 한다.

❷ 화이트 컬러로 1번 가로선의 폭과 동일한 간격을 남겨두고 좌우로 대칭을 맞추어 가며 2번 가로선을 곡선으로 그린다.

＊곡선은 아래 점의 양 끝부분까지 형성해야 한다.

❸ 화이트 컬러로 동일한 간격을 남겨 두고 좌우로 대칭을 맞추어 가며 3번 가로선을 곡선으로 그린다.

＊곡선은 아래 점의 양 끝부분까지 형성해야 한다.

❹ 화이트 컬러로 동일한 간격을 남겨 두고 좌우로 대칭을 맞추어 가며 아랫부분에 4번 가로선을 곡선으로 그린다.

❺ 레드 컬러로 1번과 2번 화이트 컬러 사이에 5번 가로선을 곡선으로 그린다.

❻ 레드 컬러로 2번과 3번 화이트 컬러 사이에 6번 가로선을 곡선으로 그린다.

❼ 레드 컬러로 3번과 4번 화이트 컬러 사이에 7번 가로선을 곡선으로 그린다.

⓮ 구심점을 중심으로 세로줄 7개를 그려 마블링한다.

🔅 세로줄 개가 일정한 간격을 유지하며 중심점을 향해 완성되어야 한다!

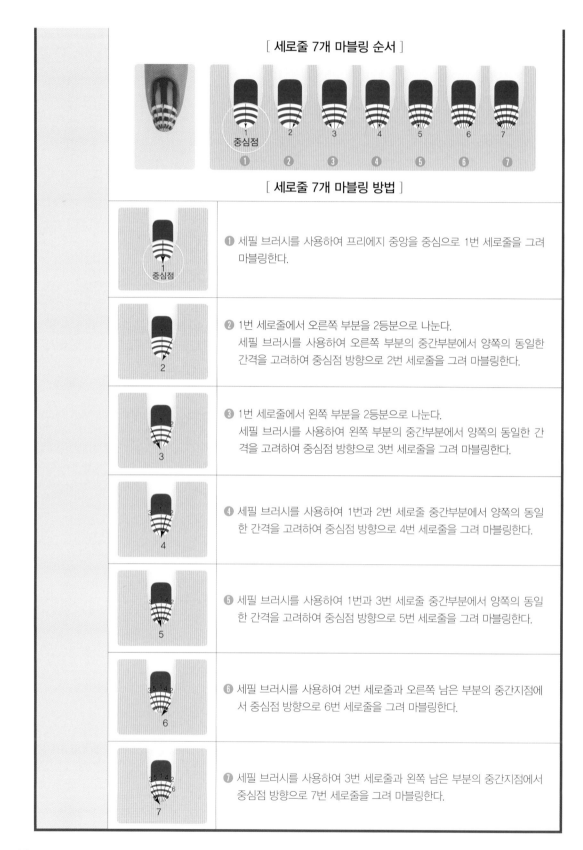

[세로줄 7개 마블링 순서]

[세로줄 7개 마블링 방법]

❶ 세필 브러시를 사용하여 프리에지 중앙을 중심으로 1번 세로줄을 그려 마블링한다.

❷ 1번 세로줄에서 오른쪽 부분을 2등분으로 나눈다.
세필 브러시를 사용하여 오른쪽 부분의 중간부분에서 양쪽의 동일한 간격을 고려하여 중심점 방향으로 2번 세로줄을 그려 마블링한다.

❸ 1번 세로줄에서 왼쪽 부분을 2등분으로 나눈다.
세필 브러시를 사용하여 왼쪽 부분의 중간부분에서 양쪽의 동일한 간격을 고려하여 중심점 방향으로 3번 세로줄을 그려 마블링한다.

❹ 세필 브러시를 사용하여 1번과 2번 세로줄 중간부분에서 양쪽의 동일한 간격을 고려하여 중심점 방향으로 4번 세로줄을 그려 마블링한다.

❺ 세필 브러시를 사용하여 1번과 3번 세로줄 중간부분에서 양쪽의 동일한 간격을 고려하여 중심점 방향으로 5번 세로줄을 그려 마블링한다.

❻ 세필 브러시를 사용하여 2번 세로줄과 오른쪽 남은 부분의 중간지점에서 중심점 방향으로 6번 세로줄을 그려 마블링한다.

❼ 세필 브러시를 사용하여 3번 세로줄과 왼쪽 남은 부분의 중간지점에서 중심점 방향으로 7번 세로줄을 그려 마블링한다.

오렌지 우드스틱	❶ 오렌지 우드스틱에 탈지면을 감고 젤 클렌저를 적셔 손톱 주변에 묻은 젤 네일 폴리시를 수정한다.	
젤 램프기기	❶ 젤 램프기기 입구에 모델의 손이 닿지 않게 주의하며 손톱 끝부분이 살짝 아래를 향하게 손을 넣는다.	
톱 젤	❶ 브러시 끝부분을 사용하여 프리에지에 톱 젤을 도포한 후 손톱 전체에 1회 도포한다. 💡 톱 젤 도포 후 오일 사용 금지!	
젤 램프기기	❶ 젤 램프기기 입구에 모델의 손이 닿지 않게 주의하며 손톱 끝부분이 살짝 아래를 향하게 손을 넣는다. 톱 젤 경화 후에는 최종적으로 미경화 젤이 남아 있는지 반드시 확인한다. 💡 미경화 젤이 남은 경우에는 탈지면에 젤 클렌저를 적셔 제거해야 한다.	
작업대	❶ 사용한 페이퍼타월과 쓰레기를 전부 위생봉지에 버린다. 사용한 재료와 도구를 원위치에 두어 정리하고 뚜껑을 모두 닫는다. 작업대를 깨끗이 정리하고 감독위원을 기다린다.	

3 작업과정 쓱 점검하기

손 소독(수험자, 모델) ⇨ 라운드 형태 ⇨ 표면 정리 ⇨ 분진, 유분기 제거 ⇨ 베이스 젤 1회 도포

⇨ 경화 ⇨ 레드 젤 네일 폴리시 풀 코트 1회 도포 ⇨ 경화 ⇨ 부채꼴 마블링

⇨ 경화 ⇨ 톱 젤 1회 도포 ⇨ 경화 ⇨ 작업대 정리

4 완성!

부채꼴 마블링(레드&화이트) 정면

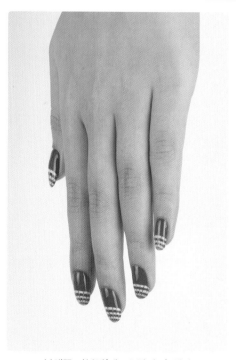

부채꼴 마블링(레드&화이트) 옆면

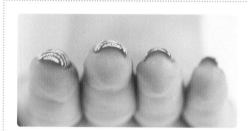

부채꼴 마블링(레드&화이트) 프리에지 단면

정면

왼쪽 옆면

오른쪽 옆면

프리에지 단면

평가 포인트

02. 부채꼴 마블링

(배점 20점)

사전체크	소독	셰이프	부채꼴 마블링	완성도
			★	

1. 사전체크

❶ 수험자와 모델의 복장이 규정에 맞는지 확인할 수 있다.
❷ 작업대의 네일 재료와 도구의 위생 상태를 확인하고 불필요한 재료(통젤, 물감 등) 유무와 구비되어 있지 않은 재료목록을 확인할 수 있다.
❸ 사전에 모델 왼손이 큐티클 정리가 되어 있는 상태인지 확인할 수 있다.

2. 소독

❶ 실기시험 시작 후 수험자와 모델이 올바른 방법으로 소독을 하였는지 확인할 수 있다.

3. 셰이프

❶ 자연네일용 파일로 비비거나 문지르지 않고 라운드 형태의 올바른 네일 파일 방법을 하였는지 확인할 수 있다.
❷ 손톱의 좌우 대칭이 맞는지, 1~5지에 라운드 형태가 전부 동일하고 5mm 이내의 길이로 일정한지 확인할 수 있다.

4. 부채꼴 마블링 ★

❶ 손톱 전체의 1/2 위치에서 화이트 4개, 레드 3개 총 7개의 가로선이 둥근 부채꼴 모양으로 일정한 간격으로 번갈아 가며 교차되어 있는지 확인할 수 있다.
❷ 프리에지 단면까지 레드와 화이트 젤 네일 폴리시가 도포되었는지 확인할 수 있다.
❸ 7개의 세로줄이 구심점을 중심으로 일정한 간격으로 마블링되어 있는지 확인할 수 있다.

5. 완성도

❶ 톱 젤까지 전부 도포되었는지, 톱 젤 후 오일을 사용하지는 않았는지 확인할 수 있다.
❷ 손톱 주변에 묻은 젤 네일 폴리시의 유무, 손톱 아래의 위생 상태를 확인할 수 있다.
❸ 경화 후 톱 젤의 미경화 젤이 남아 있지 않은지 전체적인 마무리 상태를 확인할 수 있다.
❹ 사용한 재료의 뚜껑을 모두 닫고 작업대 위에 쓰레기가 없는지 등 정리정돈 상태를 체크할 수 있다.

다들 아무런 희망이 없다고 말할 때에도
결코 한줄기 희망을 버리지 않는 사람이
결국 희망의 길을 엽니다.

– 조정민, 『고난이 선물이다』, 두란노

III

[제3과제]

인조네일

Nailist

인조네일

1. 제3과제 인조네일 준비사항

(1) 수험자 및 모델 준비

- 흰색 위생가운 착용
- 마스크 착용
- 청결한 손
- 보안경 착용

수험자

- 마스크 착용
- 보안경 착용
- 1과제 시 선정되어 완성된 오른손 상태

   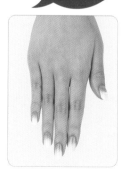

모델(오른손)

(2) 인조네일 작업대 준비

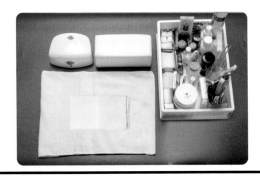

❶ 작업대를 소독제로 소독한 후 위생 처리된 수건을 펼쳐 정리한다.
❷ 수건 위에 페이퍼타월을 올려놓는다(인조네일 작업 시 필요한 페이퍼타월을 따로 준비해 둔다).
❸ 손목 받침대를 모델 앞에 놓는다.
❹ 수험자의 오른쪽 작업대에 위생봉지를 부착한다.
❺ 재료 정리함을 오른쪽에 놓는다.
❻ 젤 램프기기에 입구는 모델이 바로 손을 넣을 수 있게 방향을 맞추어서 놓는다.

(3) 인조네일 정리함 준비

준비물

- 소독용기(에탄올) − 큐티클 니퍼, 큐티클 푸셔, 네일 클리퍼, 네일 더스트 브러시, 오렌지 우드스틱
- 용기 − 탈지면 大(소독용), 小(제거용), 멸균거즈
- 파일 꽂이 − 자연네일용 · 인조네일용 · 광택용 파일, 샌딩 파일
- 정리함 − 네일 폴리시리무버(디스펜서), 지혈제, 큐티클 오일, 가위, 소독제, 전 처리제(선택사항)

팁 위드 랩 재료	내추럴 하프 웰 스퀘어 팁, 팁 커터, 네일 접착제(스틱 글루, 브러시 글루), 경화 촉진제(글루 드라이어), 네일 랩(실크) *선택사항: 필러 파우더
젤 원톤 스컬프처 재료	베이스 젤, 클리어 젤, 톱 젤, 젤 클렌저, 젤 브러시, 네일 폼
아크릴 프렌치 스컬프처 재료	아크릴 리쿼드, 아크릴 파우더(화이트, 핑크 or 클리어), 아크릴 브러시, 네일 폼, 다펜디시
네일 랩 익스텐션 재료	네일 접착제(스틱 글루, 브러시 글루), 경화 촉진제(글루 드라이어), 네일 랩(실크), 필러 파우더

❶ 3과제(인조네일) 시 선정된 재료만 정리함 안에 세팅한다(시험 시작 전 미리 세부 과제를 공개함).
❷ 작업 시 사용되는 일회용 재료 및 도구는 반드시 새 것을 사용한다.
❸ 파일 꽂이에 자연네일용 · 인조네일용 · 광택용 파일, 샌딩 파일을 세워 둔다(젤 원톤 스컬프처 시 광택용 파일 제외).
❹ 소독용기 바닥에 탈지면을 2장 깔고 에탄올을 2/3 이상 넣고 큐티클 니퍼, 큐티클 푸셔, 네일 클리퍼, 네일 더스트 브러시, 오렌지 우드스틱을 담가 둔다.
❺ 네일 폴리시리무버는 사전에 디스펜서에 담아서 준비한다.
❻ 뚜껑이 있는 용기에 탈지면(大, 小), 멸균거즈를 넣어 둔다.

2. 네일 팁의 웰(Well)

웰	약간의 홈이 파여 있으며 네일 접착제를 도포하는 곳으로 자연네일과 네일 팁이 접착되는 부분	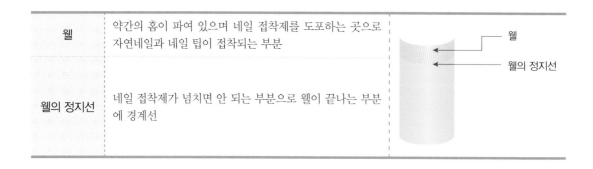
웰의 정지선	네일 접착제가 넘치면 안 되는 부분으로 웰이 끝나는 부분에 경계선	

3. 인조네일의 구조 및 파일 방법

(1) 스퀘어 셰이프

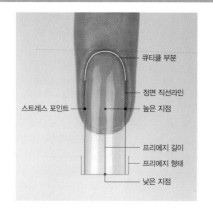

[정면]

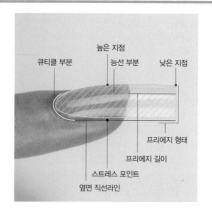

[옆면]

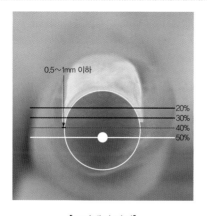

[프리에지 단면]

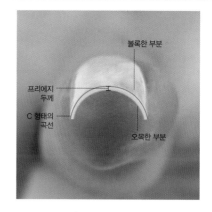

[프리에지 단면]

(2) 스퀘어 셰이프 네일 파일 방법

❶ 프리에지의 길이를 0.5~1cm 미만으로 조절하며, 큐티클 라인의 중앙과 프리에지 단면이 수평이 되도록 일직선으로 네일 파일링한다.

❷ 자연네일과 인조네일이 자연스럽게 연결되도록 정면에서 본 외관 라인을 일직선으로 네일 파일링한다.

❸ 손가락을 옆으로 돌려 프리에지와 90°의 각도를 유지하고 옆면이 일직선이 되도록 네일 파일링한다.

❹ 반대편도 같은 방법으로 네일 파일링한다.

❺ 인조네일에서 가장 높은 지점과 낮은 지점을 확인하여, 프리에지의 두께가 0.5~1mm 이하로 일정하게 되도록 네일 파일링한다.

❻ C 형태의 곡선이 20~40%가 되도록 프리에지를 네일 파일링한다.

❼ 자연네일과 인조네일이 자연스럽게 연결되도록 큐티클 부분과 각 옆면 직선 라인 부분을 네일 파일링한다.

💡 스트레스 포인트 아랫부분은 바깥 방향으로 네일 파일링하면 인조네일의 부러짐을 방지할 수 있다.

❽ 높은 지점을 중심으로 완만한 곡선이 형성되도록 인조네일의 전체를 네일 파일링한다.

❾ 반대편도 같은 방법으로 전체를 부드럽게 네일 파일링한다.

Artificiality nail
인조네일

💡 인조네일 이~04 세부과제 중 한 과제가 시험 당일 랜덤 선정

실기시험 규정 ●━━━━━━━━━━━━━━━━

1. 요구사항

❶ 수험자의 손 및 모델의 손과 손톱을 소독한다.

❷ 1과제 작업 상태의 모델 손톱을 3과제 작업에 적합하도록 전 처리한다.

    ① 사전 작업된 오른손의 네일 폴리시를 모두 제거한다.

    ② 모델의 자연 손톱은 1mm 이하의 라운드 또는 오발 형태로 조형한다.

❸ 연장된 프리에지의 길이는 0.5~1cm 미만이며, 가로와 세로 모두 직선의 스퀘어 형태로 조형한다.

❹ 손톱 표면은 중심에서 좌우, 상하 사방의 굴곡이 자연스럽게 연결되어야 한다.

❺ 인조네일은 기포 없이 맑고 투명하게 완성해야 한다.

❻ 인조네일은 자연네일 전체에 조형되어야 하며, 그 경계선이 매끄럽게 연결되어야 한다.

❼ 손톱 주변의 피부가 손상되거나 출혈되지 않도록 유의하여 작업한다.

❽ 프리에지 C 커브는 원형의 20~40% 비율로 일정하게 조형한다.

❾ 프리에지의 두께는 0.5~1mm 이하로 일정하게 조형한다.

❿ 옆면 직선은 자연네일에서부터 프리에지까지 연결선이 너무 올라가거나 처지지 않도록 하며 직선을 유지하여 만든다.

⓫ 스퀘어 형태를 유지하여 2개 손톱 모두 일정하게 완성한다.

⓬ 네일 파일로 인한 거친 표면을 샌딩 파일로 매끄럽게 정리한다.

⓭ 손과 손톱 주변의 먼지 혹은 사용된 오일을 깨끗이 제거해야 한다.

    ① 핑거볼, 네일 더스트 브러시, 멸균거즈, 큐티클 오일을 사용할 수 있다.

    ② 네일 더스트 브러시는 멸균거즈 등으로 물기를 완전히 제거한 후 사용해야 한다.

01. 내추럴 팁 위드 랩	• 오른손 중지, 약지 2개의 손톱에 내추럴 팁 위드 랩을 완성한다. • 자연손톱의 색을 띤 내추럴 색의 하프 웰 팁(스퀘어)을 사용해야 한다. • 네일 팁의 경계선이 자연손톱과 매끄럽게 연결되도록 안전하고 자연스럽게 네일 파일링 해야 한다. • 네일 접착제(스틱 글루, 브러시 글루)는 수험자가 작업 상황에 맞게 적절히 사용할 수 있다. • 네일 접착제가 피부에 닿거나 흐르지 않도록 유의하여 사용해야 한다. • 필러 파우더는 수험자가 작업 상황에 맞게 적절히 사용할 수 있다. • 네일 랩(실크)은 손톱 범위에 따라 알맞게 재단하여 사용한다. • 광택용 파일을 사용하여 광택 마무리를 한다.
02. 젤 원톤 스컬프처	• 오른손 중지, 약지 2개의 손톱에 젤 원톤 스컬프처를 완성한다. • 네일 폼과 클리어 젤을 사용해야 한다. • 톱 젤을 도포하여 광택을 완성한다.
03. 아크릴 프렌치 스컬프처	• 오른손 중지, 약지 2개의 손톱에 아크릴 프렌치 스컬프처를 완성한다. • 화이트 파우더, 핑크 또는 클리어 파우더, 아크릴 리퀴드와 네일 폼을 사용해야 한다. • 스마일 라인은 선명하게 표현되어야 하고, 모양은 좌우 대칭이 되도록 조형한다. • 제품 사용 시 기포가 생기거나 얼룩지지 않도록 주의해야 한다. • 광택용 파일을 사용하여 광택 마무리를 한다.
04. 네일 랩 익스텐션	• 오른손 중지, 약지 2개의 손톱에 네일 랩 익스텐션을 완성한다. • 네일 랩(실크), 네일 접착제(스틱 글루, 브러시 글루), 필러 파우더를 사용해야 한다. • 광택용 파일을 사용하여 광택 마무리를 한다.

2. 수험자 유의사항

❶ 시작 전 네일 팁 크기를 선택해 두거나, 재단을 하지 말아야 하며, 미리 붙이지 말아야 한다.

❷ 시작 전 네일 폼을 재단하거나 미리 붙이지 말아야 한다.

❸ 젤 원톤 스컬프처의 경우 젤 경화 시간을 준수하여, 필요한 경우 마무리 시 미경화된 부분이 남지 않도록 작업한다.

❹ 아크릴 네일의 경우 아크릴 파우더 중 화이트 파우더는 반드시 사용해야 하며, 핑크 및 클리어 파우더는 선택 가능하다.

❺ 자연네일 파일링 시 문지르거나 비비지 말고 한 방향으로 네일 파일링해야 한다.

❻ 모델의 손과 손톱에 지저분한 큐티클 및 거스러미, 먼지나 분진이 없도록 항상 깨끗이 정리한다.

❼ 수험자와 모델은 작업 시작부터 끝까지 눈을 보호할 수 있도록 보안경을 착용해야 한다.

❽ 구조를 위한 네일 도구(핀칭봉, 핀칭 텅, 핀셋)는 작업내용에 맞게 적절히 사용할 수 있다.

❾ 마무리 작업의 먼지 및 오일 제거 시 핑거볼, 네일 더스트 브러시, 멸균거즈, 큐티클 오일을 사용할 수 있다.

❿ 큐티클 니퍼, 큐티클 푸셔, 네일 클리퍼, 네일 더스트 브러시, 오렌지 우드스틱은 에탄올 소독용기에 담가 두어야 한다.

⓫ 제시된 시험시간 안에 모든 작업과 마무리 및 주변 정리정돈을 끝내야 한다.

셰이프	대상부위	시간	배점
스퀘어	오른손 3, 4지 손톱	40분	30점

세부 과제		
	01. 내추럴 팁 위드 랩	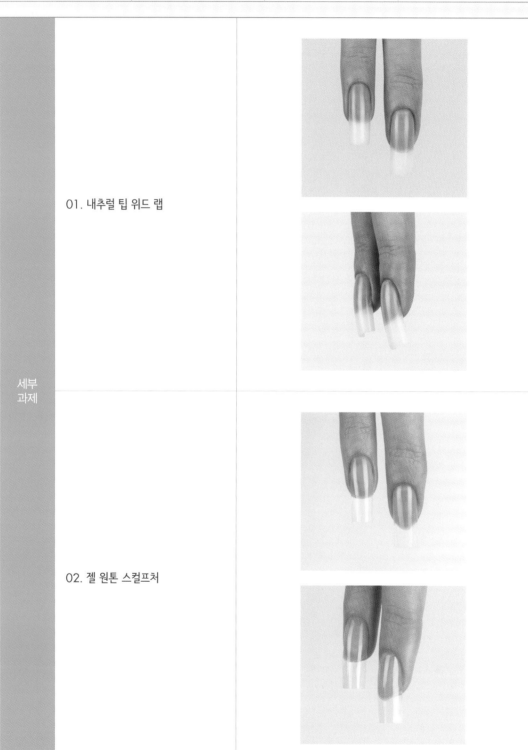
	02. 젤 원톤 스컬프처	

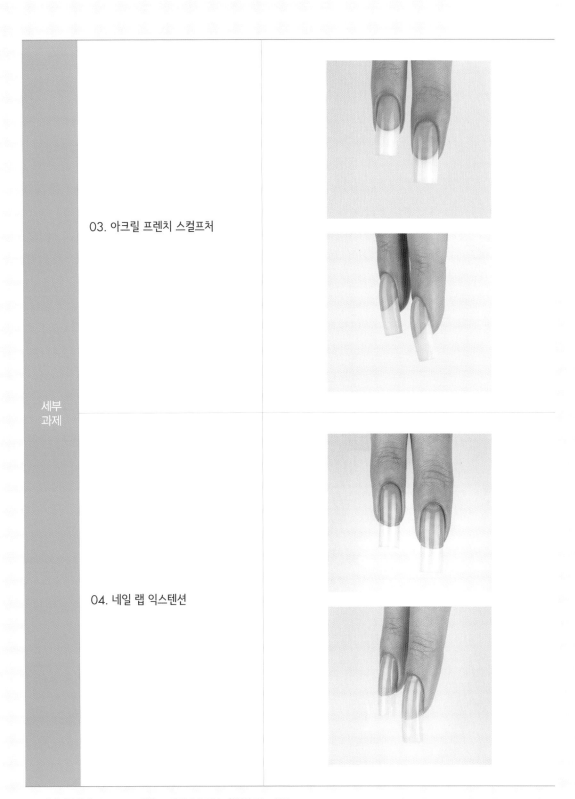

세부
과제

03. 아크릴 프렌치 스컬프처

04. 네일 랩 익스텐션

＊프리에지의 두께: 0.5～1mm 이하, 프리에지 C 커브: 원형의 20～40%
＊인조네일 과제의 길이: 프리에지의 중심을 기준으로 0.5～1cm 미만

내추럴 팁 위드 랩

本 교재에 수록된 모든 작업사진은 수험자의 시선으로 구성하였다.

1 작업과정 쏙 한눈에 보기

⏰ 시간: 40분

❶ 수험자 손 소독하기

❷ 모델 오른손 및 손톱 소독하기

❸ 네일 폴리시 제거하기

❹ 라운드 또는 오발 형태로 조형하기

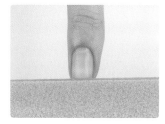

❺ 표면 정리하기

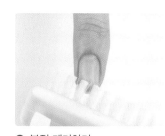

❻ 분진 제거하기

⏰ 10분 내외

❼ 네일 팁 접착하기

❽ 네일 팁 재단하기

❾ 네일 팁 턱 제거하기

❿ 분진 제거하기

⓫ 채우기

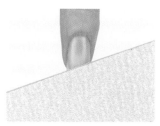

⓬ 구조 조형하기

⏰ 20분 내외

136 ▪ Ⅲ. 인조네일

⑬ 표면 정리하기

⑭ 분진 제거하기

⑮ 네일 랩 재단하기

 25분 내외

⑯ 네일 랩 접착하기

⑰ 네일 랩 고정하기

⑱ 네일 랩 코팅하기

⑲ 스퀘어 형태 조형하기

⑳ 표면 정리하기

㉑ 광택내기

㉒ 분진 제거하기

㉓ 마무리하기

㉔ 작업대 정리하기

⏰ 40분 종료

2 도구&재료로 싹 자세히 보기

❶ 소독제를 탈지면에 분사하여 수험자의 양 손을 소독한다.

❷ 소독제를 탈지면에 분사하여 모델의 오른손 및 손톱을 소독한다.
  (팔목부터 프리에지 방향으로 손등과 손바닥, 손가락 사이, 손톱을 소독)

소독제

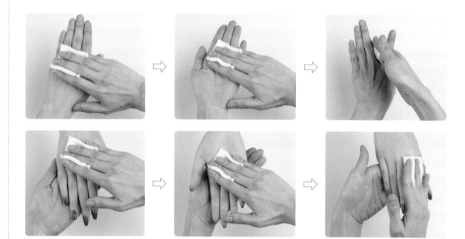

❸ 네일 폴리시리무버를 탈지면에 적셔 모델의 오른손 1~5지에 도포되어 있는 네일 폴리시를 모두 제거한다.

  💡 인조네일을 작업하는 3지와 4지만 제거하면 안 된다!

네일
폴리시리무버

자연네일용 파일	❹ 자연네일용 파일을 사용하여 모델의 오른손 3, 4지를 라운드 또는 오발 형태로 조형한다. 프리에지 중앙을 중심으로 한 방향으로 네일 파일링해야 하며, 길이는 옐로 라인의 중심에서 1mm 이하로 해야 한다.  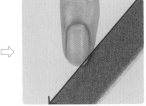 
샌딩 파일	❺ 샌딩 파일을 사용하여 손톱의 표면을 정리하고 광택을 제거한다. 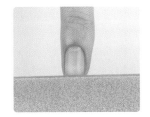
네일 더스트 브러시	❻ 멸균거즈를 사용하여 네일 더스트 브러시의 물기를 완전히 제거한다. 물기가 제거된 네일 더스트 브러시를 사용하여 손톱 주변의 분진을 제거한다. 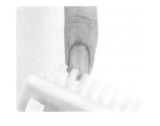

Highlight!

네일 팁 + 네일 접착제 + 팁 커터	❼ 모델의 손톱에 맞는 사이즈의 네일 팁을 선택하여 네일 접착제를 웰 부분에 도포한다. 자연네일과 45°의 각도로 네일 팁과 자연네일 사이가 들뜨거나 공기가 들어가지 않도록 부착한다. 손톱의 옆면 직선 라인과 네일 팁이 일직선이 되어야 하고 정면에서 보았을 때도 처지지 않아야 한다. ❽ 팁 커터와 네일 팁이 90°가 되도록 네일 팁을 재단한다. *인조네일의 길이: 프리에지 중심을 기준으로 0.5~1cm 미만 💡 팁 커터로 재단할 경우 실수를 할 수 있기 때문에 길이를 너무 짧게 재단하지 않는 것이 좋다. 추후 파일을 사용하여 길이를 정확하게 조절하는 것을 권한다.    프리에지 0.5~1cm 미만 / 1cm 

인조네일용 파일	❾ 인조네일용 파일을 사용하여 자연네일 손상에 주의하며 자연네일과 매끄럽게 연결되도록 네일 팁 턱을 제거한다. 💡 손톱 옆부분은 네일 파일을 세로 방향으로 사용하면 네일 팁 턱을 제거하는 데 효과적이다.  
네일 더스트 브러시	❿ 멸균거즈를 사용하여 네일 더스트 브러시의 물기를 완전히 제거한다. 물기가 제거된 네일 더스트 브러시를 사용하여 손톱 주변의 분진을 제거한다. 
브러시 글루	⓫ 자연네일과 네일 팁에 경계를 채우며 기포가 생기지 않게 브러시 글루를 인조네일 전체에 도포한다. 경계가 심할 경우 필러 파우더와 네일 접착제를 선택사항으로 사용하여 채울 수 있다. 
인조네일용 파일	💡 네일 파일링 전에는 표면에 네일 접착제가 경화되었는지 반드시 확인해야 하며 경화되지 않았을 경우 경화 촉진제를 분사한다. ⓬ 인조네일용 파일을 사용하여 높은 지점에서 좌우, 상하 사방의 굴곡이 자연스럽게 연결되도록 인조네일의 구조를 조형한다. ＊프리에지 길이: 0.5~1cm 미만, 프리에지 두께: 0.5~1mm 이하, 　C 커브: 20~40% 

샌딩 파일	⓭ 샌딩 파일을 사용하여 인조네일의 표면을 부드럽게 정리한다. 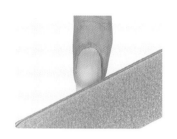
네일 더스트 브러시	⓮ 멸균거즈를 사용하여 네일 더스트 브러시의 물기를 완전히 제거한다. 물기가 제거된 네일 더스트 브러시를 사용하여 손톱 주변의 분진을 제거한다. 
네일 랩 + 가위	⓯~⓰ 가위를 사용하여 네일 랩을 재단한 후 네일 랩이 인조네일에서 들뜨지 않게 전체적으로 눌러 완전히 접착시킨다.   [네일 랩 재단 및 접착 순서] 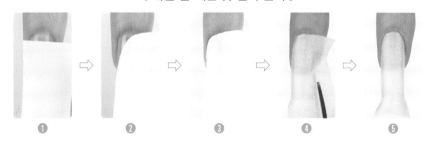 ❶ ❷ ❸ ❹ ❺ [네일 랩 재단 및 접착 방법] ❶ 모델의 큐티클 왼쪽 라인을 확인한다. ❷ 가위를 사용하여 모델의 큐티클 왼쪽 라인에 맞추어 네일 랩을 재단한다. ❸ 큐티클 라인에서 약 1~2mm 정도 남기고 네일 랩을 접착한다. ❹ 큐티클 오른쪽 라인을 확인하며 네일 랩을 재단한다. ❺ 부족한 곳이 없는지 확인한 후 네일 랩을 눌러 완전히 접착시킨다.

Highlight!

스틱 글루	❶ 스틱 글루를 도포하여 네일 랩을 고정시킨다. 네일 랩에 충분히 스틱 글루가 흡수되도록 소량씩 도포한다.	
브러시 글루	❶ 브러시 글루를 사용하여 네일 랩 전체를 코팅시킨다. 💡 스틱 글루만 사용할 경우 두께감이 없어서 추후 표면 정리 시 네일 랩이 없 어질 수 있기 때문에 브러시 글루를 사용하는 것이 효과적이다.	
인조네일용 파일	💡 네일 파일링 전에는 표면에 네일 접착제가 경화되었는지 반드시 확 인해야 하며 경화되지 않았을 경우 경화 촉진제를 분사한다. ❶ 인조네일용 파일을 사용하여 네일 랩 턱을 제거하 고, 스퀘어 형태로 조형한다.	
샌딩 파일	❷ 샌딩 파일을 사용하여 인조네일의 표면을 부드럽게 정리한다.	
광택용 파일	❷ 광택용 파일을 사용하여 인조네일의 표면에 광택을 낸다.	

네일 더스트 브러시	㉒ 멸균거즈를 사용하여 네일 더스트 브러시의 물기를 완전히 제거한다. 물기가 제거된 네일 더스트 브러시를 사용하여 손톱 주변의 분진을 제거한다.	
멸균거즈	㉓ 큐티클 오일을 바르고 멸균거즈를 사용하여 인조네일 주변의 잔여물과 오일기를 제거한다.	
작업대	㉔ 사용한 페이퍼타월과 쓰레기를 전부 위생봉지에 버린다. 사용한 재료와 도구를 원위치에 두어 정리하고 뚜껑을 모두 닫는다. 작업대를 깨끗이 정리하고 감독위원을 기다린다.	

3 작업과정 쓱 점검하기

손 소독(수험자, 모델) ⇨ 네일 폴리시 제거 ⇨ 라운드 또는 오발 형태 ⇨ 표면 정리 ⇨ 분진 제거
⇨ 네일 팁 접착 ⇨ 네일 팁 재단 ⇨ 네일 팁 턱 제거 ⇨ 분진 제거 ⇨ 채우기 ⇨ 구조 조형 ⇨ 표면 정리
⇨ 분진 제거 ⇨ 네일 랩 재단 ⇨ 네일 랩 접착 ⇨ 네일 랩 고정 ⇨ 네일 랩 코팅 ⇨ 스퀘어 형태
⇨ 표면 정리 ⇨ 광택내기 ⇨ 분진 제거 ⇨ 마무리 ⇨ 작업대 정리

4 완성!

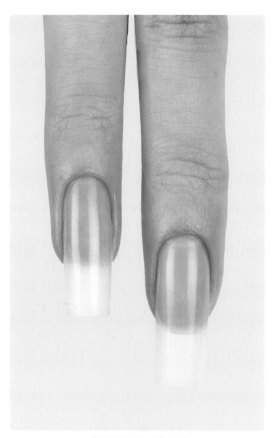

내추럴 팁 위드 랩 정면

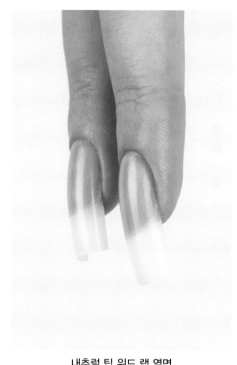

내추럴 팁 위드 랩 옆면

내추럴 팁 위드 랩 프리에지 단면

정면

왼쪽 옆면

오른쪽 옆면

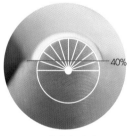

프리에지 단면

평가 포인트

01. 내추럴 팁 위드 랩

(배점 30점)

사전체크	소독	네일 팁 접착, 네일 팁 턱 제거	기포	네일 랩 접착	네일 파일링	완성도
		★				

1. 사전체크

❶ 수험자와 모델의 복장이 규정에 맞는지 확인할 수 있다.

❷ 작업대의 네일 재료와 도구의 위생 상태를 확인하고, 불필요한 재료 유무와 구비되어 있지 않은 재료 목록을 확인할 수 있다.

❸ 사전에 모델 오른손이 1과제 작업 상태로 유지되어 있는지 확인할 수 있다.

2. 소독

❶ 실기시험 시작 후 수험자와 모델이 올바른 방법으로 소독을 하였는지 확인할 수 있다.

3. 네일 팁 접착, 네일 팁 턱 제거 ★

❶ 손톱에 맞는 사이즈의 네일 팁을 선택하였는지, 자연네일과 네일 팁이 일직선으로 처지지 않게 접착되었는지 확인할 수 있다.

❷ 네일 접착제가 피부에 닿거나 흐르지 않았는지 확인할 수 있다.

❸ 네일 팁의 경계선이 자연네일과 매끄럽게 연결되었는지 확인할 수 있다.

4. 기포

❶ 네일 접착제, 필러 파우더, 경화 촉진제의 사용으로 인해 기포가 발생하였는지 확인할 수 있다.

5. 네일 랩 접착

❶ 네일 랩이 들뜨지 않고 인조네일에 맞게 접착되었는지 확인할 수 있다.

6. 네일 파일링

❶ 프리에지 두께가 0.5~1mm 이하, C 커브가 20~40%로 나왔는지 확인할 수 있다.

❷ 높은 지점에서 좌우, 상하 사방의 굴곡이 자연스럽게 연결이 되었는지 확인할 수 있다.

❸ 인조네일 프리에지의 길이가 0.5~1cm 미만으로 스퀘어 형태를 유지하고 사이드 라인이 직선을 유지하는지 확인할 수 있다.

❹ 네일 파일로 인하여 출혈(감점 요인)이 발생하지 않았는지 확인할 수 있다.

❺ 3지와 4지의 길이와 두께, 커브가 동일한지 확인할 수 있다.

7. 완성도

❶ 손톱 주변에 묻은 네일 접착제가 없는지 잔여물과 오일기가 남아있는지 손톱 아래의 위생 상태를 확인할 수 있다.

❷ 인조네일이 광택이 나는지 3지, 4지의 모양과 길이가 일정한지 확인할 수 있다.

❸ 사용한 재료의 뚜껑을 모두 닫고 작업대 위에 쓰레기가 없는지 정리정돈 상태를 체크할 수 있다.

02 젤 원톤 스컬프처

💡 본 교재에 수록된 모든 작업사진은 수험자의 시선으로 구성하였다.

1 작업과정 쏙 한눈에 보기

⏰ 시간: 40분

❶ 수험자 손 소독하기

❷ 모델 오른손 및 손톱 소독하기

❸ 네일 폴리시 제거하기

❹ 라운드 또는 오발 형태로 조형하기

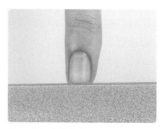
❺ 표면 정리하기

❻ 분진 제거하기

⏰ 10분 내외

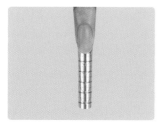
❼ 네일 폼 접착하기

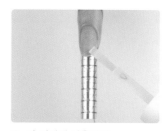
❽ 전 처리제 사용하기

❾ 베이스 젤 도포하기

❿ 경화하기

⓫ 클리어 젤 연장하기

⓬ 경화하기

⏰ 20분 내외

⓭ 클리어 젤 오버레이하기

⓮ 경화하기

⓯ 미경화 젤 닦아내기

⏰ 30분 내외

⓰ 네일 폼 제거하기

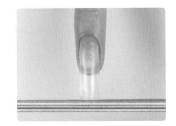

⓱ 스퀘어 형태 조형하기

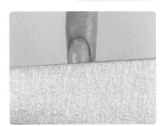

⓲ 구조 조형하기

⓳ 표면 정리하기

⓴ 분진 제거하기

㉑ 잔여물 제거하기

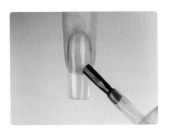

㉒ 톱 젤 도포하기

㉓ 경화하기

㉔ 작업대 정리하기

⏰ 40분 종료

❶ 소독제를 탈지면에 분사하여 수험자의 양 손을 소독한다.

❷ 소독제를 탈지면에 분사하여 모델의 오른손 및 손톱을 소독한다.
  (팔목부터 프리에지 방향으로 손등과 손바닥, 손가락 사이, 손톱을 소독)

소독제

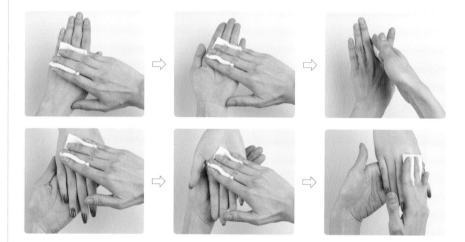

❸ 네일 폴리시리무버를 탈지면에 적셔 모델의 오른손 1~5지에 도포되어 있는 네일 폴리시를 모두 제거한다.

  💡 인조네일을 작업하는 3지와 4지만 제거하면 안 된다!

네일
폴리시리무버

자연네일용 파일	❹ 자연네일용 파일을 사용하여 모델의 오른손 3지, 4지를 라운드 또는 오발 형태로 조형한다. 프리에지 중앙을 중심으로, 한 방향으로 네일 파일링해야 하며 길이는 옐로 라인의 중심에서 1mm 이하로 해야 한다. 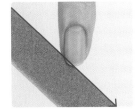  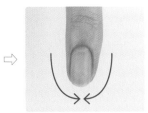
샌딩 파일	❺ 샌딩 파일을 사용하여 손톱의 표면을 정리하고 광택을 제거한다. 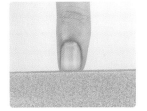
네일 더스트 브러시	❻ 멸균거즈를 사용하여 네일 더스트 브러시의 물기를 완전히 제거한다. 물기가 제거된 네일 더스트 브러시를 사용하여 손톱 주변의 분진을 제거한다. 
네일 폼	❼ 자연네일에 중심을 맞추어 들뜨거나 처지지 않게 네일 폼을 접착한다. 

Highlight!

	[네일 폼 접착 순서]
네일 폼	① → ② → ③ ④ → ⑤ → ⑥
	[네일 폼 접착 방법] ① 네일 폼 뒷면에 있는 종이를 제거한다. ② 네일 폼 윗부분의 동그란 부분을 뒷면에 접착한다. ③ 네일 폼이 옐로 라인과 맞는지 확인한다. ④ 옐로 라인과 자연네일의 폭에 맞게 네일 폼을 재단한다. ⑤ 자연네일의 좌우 곡선에 맞게 네일 폼을 눌러준다. ⑥ 큐티클 라인의 중심과 네일 폼이 틀어지지 않도록 균형을 맞추고 정면과 옆면에서도 　처지지 않고 자연네일과 연결이 자연스럽게 이어지도록 네일 폼을 접착한다.
전 처리제	❽ 전 처리제(네일 프라이머, 젤 본더 등)를 선택사항으 로 사용할 수 있다. 
베이스 젤	❾ 베이스 젤을 자연네일에 도포한다. 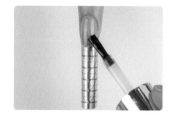

⓾ 젤 램프기기 입구에 모델 손이 닿지 않게 주의하며 손톱 끝 부분이 살짝 아래를 향하게 손을 넣는다.

💡 경화 시간은 램프기기에 맞게 적절히 사용한다. 또한 젤 네일은 특성상 모델의 협조가 적극 필요한 과제이므로 사전에 모델에게 경화 시 주의점에 대해 설명해야 한다.

젤 램프기기

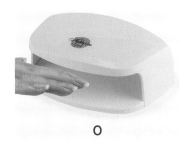

X   O

⓫~⓮ 클리어 젤을 사용하여 젤 원톤 스컬프처를 한다. 클리어 젤을 1회 도포한 후에는 반드시 젤 램프기기를 사용하여 경화해야 한다.

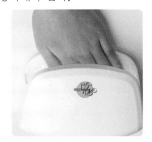

[클리어 젤 연장 및 오버레이 순서]

클리어 젤

 ➡ 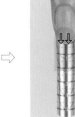 ➡  ➡

❶   ❷   ❸   ❹

[클리어 젤 연장 및 오버레이 방법]

❶ 네일 폼 접착 윗부분에 클리어 젤을 올려 길이를 연장하고 스퀘어 형태를 조형한 후 젤 램프기기에 경화한다.

❷ 가장 높은 지점에 클리어 젤을 올리고 연장한 길이의 두께를 조절하여 자연스럽게 연결한 후 젤 램프기기에 경화한다.

❸ 큐티클 부분에 얇게 클리어 젤을 올리고 자연네일과 인조네일을 자연스럽게 연결한 후 젤 램프기기에 경화한다.

❹ 부족한 부분에 클리어 젤을 올리고 전체를 자연스럽게 연결한 후 젤 램프기기에 경화한다.

Highlight!

젤 클렌저	⓮ 젤 클렌저를 탈지면에 적셔 미경화 젤을 닦아 낸다.	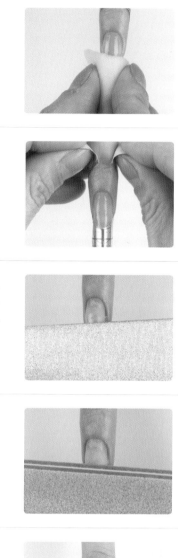
네일 폼	⓰ 네일 폼의 끝을 모아 아래로 내려 떼어 낸다.	
인조네일용 파일	⓱~⓲ 인조네일용 파일을 사용하여 스퀘어 형태로 조형하고 높은 지점에서 좌우, 상하 사방의 굴곡이 자연스럽게 연결되도록 인조네일의 구조를 조형한다. ＊프리에지 길이: 0.5~1cm 미만, 프리에지 두께: 0.5~1mm 이하, C 커브: 20~40%	
샌딩 파일	⓳ 샌딩 파일을 사용하여 인조네일의 표면을 부드럽게 정리한다.	
네일 더스트 브러시	⓴ 멸균거즈를 사용하여 네일 더스트 브러시의 물기를 완전히 제거한다. 물기가 제거된 네일 더스트 브러시를 사용하여 손톱 주변의 분진을 제거한다.	
멸균거즈	㉑ 멸균거즈를 사용하여 손 전체를 닦아 주고 인조네일 주변의 잔여물을 제거한다. 💡 젤 네일의 경우 톱 젤을 도포하기 전에 잔여물을 깨끗이 제거해야 하며, 잔여물 제거 시 큐티클 오일을 도포하지 않는다.	

톱 젤	❷ 톱 젤을 인조네일 전체에 도포한다.	
젤 램프기기	❷ 젤 램프기기 입구에 모델의 손이 닿지 않게 주의하며 손톱 끝 부분이 살짝 아래를 향하게 손을 넣는다. 톱 젤 경화 후에는 최종적으로 미경화 젤이 없는지 반드시 확인한다. 💡 미경화 젤이 남은 경우에는 탈지면에 젤 클렌저를 적셔 제거해야 한다.	
작업대	❷ 사용한 페이퍼타월과 쓰레기를 전부 위생봉지에 버린다. 사용한 재료와 도구를 원위치에 두어 정리하고 뚜껑을 모두 닫는다. 작업대를 깨끗이 정리하고 감독위원을 기다린다.	

3 작업과정 쓱 점검하기

손 소독(수험자, 모델) ⇨ 네일 폴리시 제거 ⇨ 라운드 또는 오발 형태 ⇨ 표면 정리 ⇨ 분진 제거 ⇨ 네일 폼 접착 ⇨ 베이스 젤 도포 ⇨ 경화 ⇨ 클리어 젤 연장 ⇨ 경화 ⇨ 클리어 젤 오버레이 ⇨ 경화 ⇨ 미경화 젤 닦기 ⇨ 네일 폼 제거 ⇨ 스퀘어 형태 ⇨ 구조 조형 ⇨ 표면 정리 ⇨ 분진 제거 ⇨ 잔여물 제거 ⇨ 톱 젤 도포 ⇨ 경화 ⇨ 작업대 정리

4 완성!

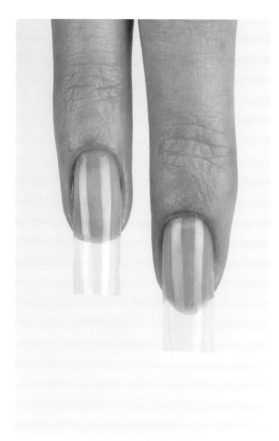

젤 원톤 스컬프처 정면

젤 원톤 스컬프처 옆면

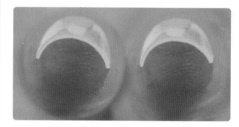

젤 원톤 스컬프처 프리에지 단면

정면

왼쪽 옆면

오른쪽 옆면

프리에지 단면

평가 포인트

02. 젤 원톤 스컬프처

(배점 30점)

사전체크	소독	네일 폼 접착	기포	투명도	네일 파일링	완성도
				★		

1. 사전체크

❶ 수험자와 모델의 복장이 규정에 맞는지 확인할 수 있다.
❷ 작업대의 네일 재료와 도구의 위생 상태를 확인하고 불필요한 재료 유무와 구비되어 있지 않은 재료 목록을 확인할 수 있다.
❸ 사전에 모델 오른손이 1과제 작업 상태로 유지되어 있는지 확인할 수 있다.

2. 소독

❶ 실기시험 시작 후 수험자와 모델이 올바른 방법으로 소독을 하였는지 확인할 수 있다.

3. 네일 폼 접착

❶ 손톱과 네일 폼이 일직선으로 처지지 않게 접착하였는지 확인할 수 있다.

4. 기포

❶ 클리어 젤의 사용으로 인해 기포가 발생하였는지 확인할 수 있다.

5. 투명도 ★

❶ 젤 원톤 스컬프처 속에 이물질이 없는지, 탁하거나 겹쳐짐이 없는지 확인할 수 있다.
❷ 젤 원톤 스컬프처가 맑고 투명하게 표현되었는지 확인할 수 있다.

6. 네일 파일링

❶ 프리에지 두께가 0.5 ~ 1mm 이하, C 커브가 20 ~ 40%로 나왔는지 확인할 수 있다.
❷ 높은 지점에서 좌우, 상하 사방의 굴곡이 자연스럽게 연결이 되었는지 확인할 수 있다.
❸ 인조네일의 프리에지 길이가 0.5 ~ 1cm 미만으로 스퀘어 형태를 유지하는지, 사이드 라인이 직선을 유지하는지 확인할 수 있다.
❹ 네일 파일로 인하여 출혈(감점 요인)이 발생하지 않았는지 확인할 수 있다.
❺ 3지와 4지의 길이와 두께, 커브가 동일한지 확인할 수 있다.

7. 완성도

❶ 손톱 주변에 묻은 젤이 없는지 잔여물이 남아있는지 손톱 아래의 위생 상태를 확인할 수 있다.
❷ 인조네일이 광택이 나는지 3지, 4지의 모양과 길이가 일정한지 확인할 수 있다.
❸ 사용한 재료의 뚜껑을 모두 닫고 작업대 위에 쓰레기가 없는지 등 정리정돈 상태를 체크할 수 있다.

아크릴 프렌치 스컬프처

 본 교재에 수록된 모든 작업사진은 수험자의 시선으로 구성하였다.

1 작업과정 쏙 한눈에 보기

⏰ 시간: 40분

❶ 수험자 손 소독하기

❷ 모델 오른손 및 손톱 소독하기

❸ 네일 폴리시 제거하기

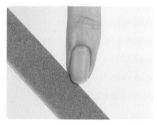

❹ 라운드 또는 오발 형태로 조형하기

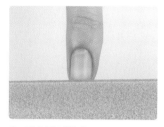

❺ 표면 정리하기

❻ 분진 제거하기

⏰ 10분 내외

❼ 네일 폼 접착하기

❽ 전 처리제 사용하기

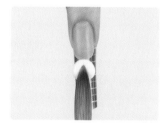

❾ 화이트 볼 올리기

❿ 오른쪽 스마일 라인 조형하기

⓫ 왼쪽 스마일 라인 조형하기

⓬ 스마일 라인 정리하기

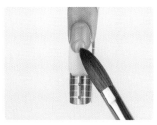

❸ 핑크 또는 클리어 볼 연결하기

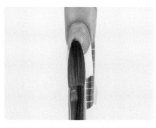

❹ 핑크 또는 클리어 볼 오버레이
하기

❺ 1차 핀치 넣기

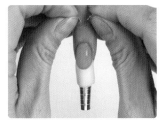

❻ 네일 폼 제거하기

❼ 2차 핀치 넣기

❽ 스퀘어 형태 조형하기

⏰ 30분 내외

❾ 구조 조형하기

⓴ 표면 정리하기

㉑ 광택내기

㉒ 분진 제거하기

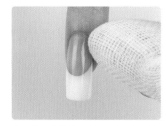

㉓ 마무리하기

㉔ 작업대 정리하기

⏰ 40분 종료

❶ 소독제를 탈지면에 분사하여 수험자의 양 손을 소독한다.

❷ 소독제를 탈지면에 분사하여 모델의 오른손 및 손톱을 소독한다.
　(팔목부터 프리에지 방향으로 손등과 손바닥, 손가락 사이, 손톱을 소독)

소독제

 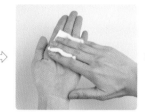 

❸ 네일 폴리시리무버를 탈지면에 적셔 모델의 오른손 1~5지에 도포되어 있는 네일 폴리시를 모두 제거한다.
　🔅 인조네일을 작업하는 3지와 4지만 제거하면 안 된다!

네일
폴리시리무버

자연네일용 파일	❹ 자연네일용 파일을 사용하여 모델의 오른손 3지, 4지를 라운드 또는 오발 형태로 조형한다. 프리에지 중앙을 중심으로 한 방향으로 네일 파일링해야 하며, 길이는 옐로 라인의 중심에서 1mm 이하로 해야 한다. 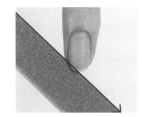  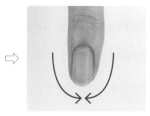
샌딩 파일	❺ 샌딩 파일을 사용하여 손톱의 표면을 정리하고 광택을 제거한다. 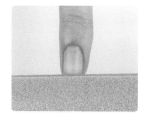
네일 더스트 브러시	❻ 멸균거즈를 사용하여 네일 더스트 브러시의 물기를 완전히 제거한다. 물기가 제거된 네일 더스트 브러시를 사용하여 손톱 주변의 분진을 제거한다. 
네일 폼	❼ 자연네일의 중심을 맞추어 들뜨거나 처지지 않게 네일 폼을 접착한다. 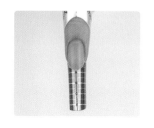

Highlight!

[네일 폼 접착 순서]

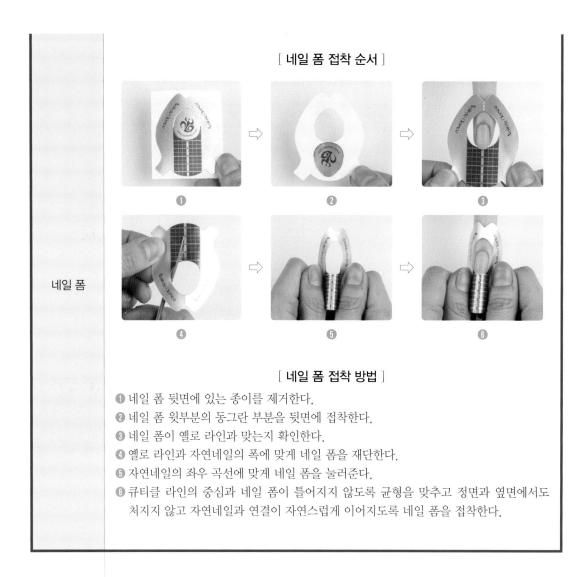

[네일 폼 접착 방법]

네일 폼

❶ 네일 폼 뒷면에 있는 종이를 제거한다.
❷ 네일 폼 윗부분의 동그란 부분을 뒷면에 접착한다.
❸ 네일 폼이 옐로 라인과 맞는지 확인한다.
❹ 옐로 라인과 자연네일의 폭에 맞게 네일 폼을 재단한다.
❺ 자연네일의 좌우 곡선에 맞게 네일 폼을 눌러준다.
❻ 큐티클 라인의 중심과 네일 폼이 틀어지지 않도록 균형을 맞추고 정면과 옆면에서도 처지지 않고 자연네일과 연결이 자연스럽게 이어지도록 네일 폼을 접착한다.

전 처리제

❽ 전 처리제(네일 프라이머)를 선택사항으로 사용할 수 있다.

❾~⓬ 화이트 볼을 올려 스마일 라인을 조형한다.

[**스마일 라인 조형 순서**]

 ⇨  ⇨  ⇨

❶   ❷   ❸   ❹

아크릴
파우더
+
아크릴
리퀴드

[**스마일 라인 조형 방법**]

❶ 옐로 라인 부분에 화이트 볼을 올린다.
❷ 옐로 라인의 중심을 잡고 스마일 라인 오른쪽 부분을 조형한다.
❸ 옐로 라인의 중심을 잡고 스마일 라인 왼쪽 부분을 조형한다.
❹ 1cm 정도 길이를 연장하고 스퀘어 형태로 조형한 후, 좌우가 대칭이 되도록 스마일 라인을 정리한다.

⓭ 스마일 라인 안쪽으로 핑크 또는 클리어 볼을 올리고 스마일 라인과 자연스럽게 연결한다.
⓮ 큐티클 부분에 얇게 핑크 또는 클리어 볼을 올리고 자연스럽게 연결하여 오버레이한다.

Highlight!

1차 핀치	⑮ 아크릴 네일이 굳었는지 확인한 후 사이드 직선 라인이 평행이 되도록 핀치를 넣어 준다.	
네일 폼	⑯ 네일 폼의 끝을 모아 아래로 내려 떼어 낸다.	
2차 핀치	⑰ 아크릴 네일은 리바운드 현상이 일어나므로 네일 폼을 제거한 후 다시 한 번 사이드 직선 라인이 평행이 되고 20∼40%의 C 커브가 나오도록 핀치를 넣어 준다. ＊리바운드 현상(Rebound Phenomenon): 핀치를 주고 형태를 만들어 놓아도 원래 형태로 되돌아가려는 성질	
인조네일용 파일	⑱∼⑲ 인조네일용 파일을 사용하여 스퀘어 형태로 조형하고 높은 지점에서 좌우, 상하 사방의 굴곡이 자연스럽게 연결되도록 인조네일의 구조를 조형한다. ＊프리에지 길이: 0.5∼1cm 미만, 프리에지 두께: 0.5∼1mm 이하, C 커브: 20∼40%	
샌딩 파일	⑳ 샌딩 파일을 사용하여 인조네일의 표면을 부드럽게 정리한다.	
광택용 파일	㉑ 광택용 파일을 사용하여 인조네일의 표면에 광택을 낸다.	

네일 더스트 브러시	❷❷ 멸균거즈를 사용하여 네일 더스트 브러시의 물기를 완전히 제거한다. 물기가 제거된 네일 더스트 브러시를 사용하여 손톱 주변의 분진을 제거한다.	
멸균거즈	❷❸ 큐티클 오일을 바르고 멸균거즈를 사용하여 인조네일 주변의 잔여물과 오일기를 제거한다.	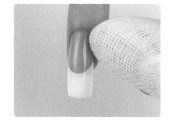
작업대	❷❹ 사용한 페이퍼타월과 쓰레기를 전부 위생봉지에 버린다. 사용한 재료와 도구를 원위치에 두어 정리하고 뚜껑을 모두 닫는다. 작업대를 깨끗이 정리하고 감독위원을 기다린다.	

3 작업과정 쓱 점검하기

손 소독(수험자, 모델) ⇨ 네일 폴리시 제거 ⇨ 라운드 또는 오발 형태 ⇨ 표면 정리 ⇨ 분진 제거 ⇨ 네일 폼 접착 ⇨ 화이트 볼 스마일 라인 조형 ⇨ 핑크 또는 클리어 볼 오버레이 ⇨ 1차 핀치 ⇨ 네일 폼 제거 ⇨ 2차 핀치 ⇨ 스퀘어 형태 ⇨ 구조 조형 ⇨ 표면 정리 ⇨ 광택내기 ⇨ 분진 제거 ⇨ 마무리 ⇨ 작업대 정리

4 완성!

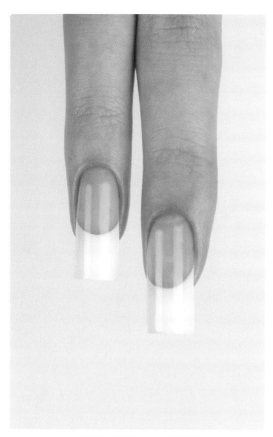

아크릴 프렌치 스컬프처 정면

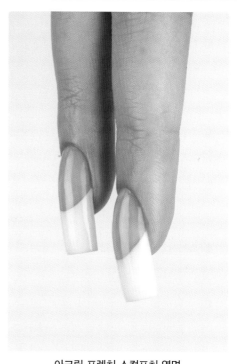

아크릴 프렌치 스컬프처 옆면

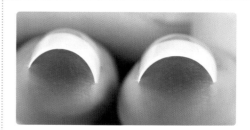

아크릴 프렌치 스컬프처 프리에지 단면

정면

왼쪽 옆면

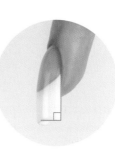

오른쪽 옆면

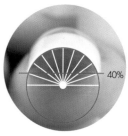

프리에지 단면

평가 포인트

03. 아크릴 프렌치 스컬프처

(배점 30점)

사전체크	소독	네일 폼 접착	기포	스마일 라인	네일 파일링	완성도
				★		

1. 사전체크

❶ 수험자와 모델의 복장이 규정에 맞는지 확인할 수 있다.

❷ 작업대의 네일 재료와 도구의 위생 상태를 확인하고 불필요한 재료 유무와 구비되어 있지 않은 재료 목록을 확인할 수 있다.

❸ 사전에 모델 오른손이 1과제 작업 상태로 유지되어 있는지 확인할 수 있다.

2. 소독

❶ 실기시험 시작 후 수험자와 모델이 올바른 방법으로 소독을 하였는지 확인할 수 있다.

3. 네일 폼 접착

❶ 손톱과 네일 폼이 일직선으로 처지지 않게 접착하였는지 확인할 수 있다.

4. 기포

❶ 아크릴 파우더와 리퀴드의 사용으로 인해 기포가 발생하였는지 확인할 수 있다.

5. 스마일 라인 ★

❶ 스마일 라인은 선명하게 표현되었는지, 모양은 좌우 대칭이 되었는지 확인할 수 있다.

❷ 3지와 4지의 스마일 라인이 동일한지 확인할 수 있다.

❸ 화이트 부분에 얼룩이 없는지, 선명한 화이트 컬러가 나타나는지 확인할 수 있다.

6. 네일 파일링

❶ 프리에지 두께가 0.5 ～ 1mm 이하, C 커브가 20 ～ 40%로 나왔는지 확인할 수 있다.

❷ 높은 지점에서 좌우, 상하 사방의 굴곡이 자연스럽게 연결되었는지 확인할 수 있다.

❸ 인조네일의 프리에지 길이가 0.5 ～ 1cm 미만으로 스퀘어 형태를 유지하는지, 사이드 라인이 직선을 유지하는지 확인할 수 있다.

❹ 네일 파일로 인하여 출혈(감점 요인)이 발생하지는 않았는지 확인할 수 있다.

❺ 3지와 4지의 길이와 두께, 커브가 동일한지 확인할 수 있다.

7. 완성도

❶ 손톱 주변에 묻은 아크릴이 없는지 잔여물과 오일기가 남아있는지 손톱 아래의 위생 상태를 확인할 수 있다.

❷ 인조네일이 광택이 나는지 3지, 4지의 모양과 길이가 일정한지 확인할 수 있다.

❸ 사용한 재료의 뚜껑을 모두 닫고 작업대 위에 쓰레기가 없는지 등 정리정돈 상태를 체크할 수 있다.

네일 랩 익스텐션

💡 본 교재에 수록된 모든 작업사진은 수험자의 시선으로 구성하였다.

1 작업과정 🔜 한눈에 보기

⏰ 시간: 40분

❶ 수험자 손 소독하기

❷ 모델 오른손 및 손톱 소독하기

❸ 네일 폴리시 제거하기

❹ 라운드 또는 오발 형태로 조형하기

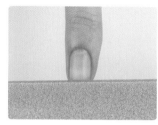
❺ 표면 정리하기

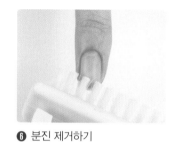
❻ 분진 제거하기

⏰ 10분 내외

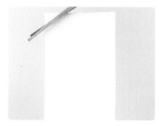
❼ 네일 랩 왼쪽 재단하기

❽ 네일 랩 접착하기

❾ 네일 랩 오른쪽 재단하기

❿ 네일 랩 곡선 형성하기

⓫ 네일 접착제 도포하기

⓬ 필러 파우더 채우기

⓭ 네일 접착제 도포하기

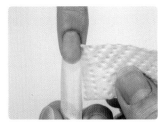
⓮ 네일 접착제 닦기

⓯ 경화 촉진제 분사하기

⓰ 길이 재단하기

⓱ C 형태의 곡선 만들기

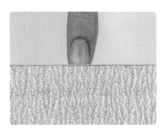
⓲ 구조 조형하기

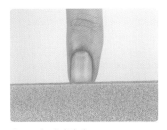
⓳ 표면 정리하기

⓴ 분진 제거하기

㉑ 브러시 글루 도포하기

⏰ 30분 내외

㉒ 경화 촉진제 분사하기

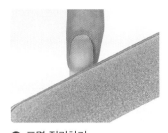
㉓ 표면 정리하기

㉔ 광택내기

㉕ 분진 제거하기

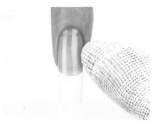
㉖ 마무리하기

㉗ 작업대 정리하기

⏰ 40분 종료

❶ 소독제를 탈지면에 분사하여 수험자의 양 손을 소독한다.

❷ 소독제를 탈지면에 분사하여 모델의 오른손 및 손톱을 소독한다.
(팔목부터 프리에지 방향으로 손등과 손바닥, 손가락 사이를 소독)

소독제

❸ 네일 폴리시리무버를 탈지면에 적셔 모델의 오른손 1~5지에 도포되어 있는 네일 폴리시를 제거 한다.

💡 인조네일을 작업하는 3지와 4지만 제거하면 안 된다!

네일
폴리시리무버

자연네일용 파일	❹ 자연네일용 파일을 사용하여 모델의 오른손 3지, 4지를 라운드 또는 오발 형태로 조형한다. 프리에지 중앙을 중심으로, 한 방향으로 네일 파일링해야 하며, 길이는 옐로 라인의 중심에서 1mm 이하로 해야 한다.   
샌딩 파일	❺ 샌딩 파일을 사용하여 손톱의 표면을 정리하고 광택을 제거한다. 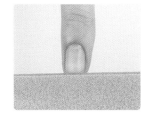
네일 더스트 브러시	❻ 멸균거즈를 사용하여 네일 더스트 브러시의 물기를 완전히 제거한다. 물기가 제거된 네일 더스트 브러시를 사용하여 손톱 주변의 분진을 제거한다. 
Highlight! 네일 랩 + 가위	❼~❿ 가위를 사용하여 네일 랩을 재단한 후 네일 랩이 자연네일에서 들뜨지 않게 전체적으로 눌러 완전히 접착시킨다. 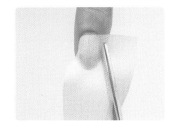 

[네일 랩 재단 및 접착 순서]

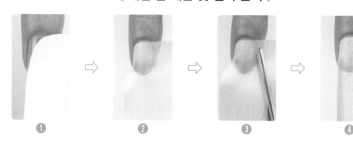

❶   ❷   ❸   ❹

[네일 랩 재단 및 접착 방법]

❶ 가위를 사용하여 모델의 큐티클 왼쪽 라인에 맞추어 네일 랩을 재단한다.

❷ 큐티클 라인에서 약 1~2mm 정도 남기고 네일 랩을 접착한다.

❸ 큐티클 오른쪽 라인을 확인하며 네일 랩을 재단한다.

❹ 부족한 곳이 없는지 확인한 후 네일 랩을 눌러 완전히 접착시키고 네일 랩의 끝부분을 손으로 잡아 C 형태의 곡선을 만든다.

⓫~⓮ 네일 접착제와 필러 파우더를 사용하여 네일 랩을 연장한다.

네일 접착제 + 필러 파우더

 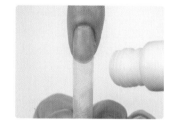

[네일 랩 연장 순서]

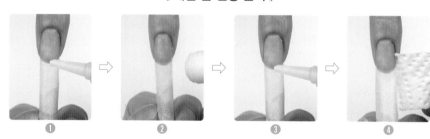

❶   ❷   ❸   ❹

[네일 랩 연장 방법]

❶ 네일 보디 부분과 프리에지 부분에 연장하고자 하는 길이만큼 네일 접착제를 도포하고 페이퍼타월을 사용하여 주변에 묻은 네일 접착제를 닦아준다.

❷ 필러 파우더를 사용하여 두께를 형성하고 오렌지 우드스틱을 사용하여 주변에 묻은 필러 파우더를 정리한다.

❸ 필러 파우더가 흡수되도록 네일 접착제를 도포한다.

❹ 페이퍼타월을 사용하여 주변에 묻은 네일 접착제를 닦아준다.

＊❶~❹ 과정을 반복하여 인조네일의 충분한 두께를 형성한다.

경화 촉진제	⓯ 10cm 이상의 거리에서 경화 촉진제를 약하게 분사할 수 있다.	
네일 클리퍼	⓰ 네일 클리퍼를 사용하여 약 1cm 정도로 길이를 재단한다.	
네일 랩	⓱ 경화 촉진제가 완전히 굳기 전에 다시 한 번 C 형태의 곡선을 만들어 준다.	
인조네일용 파일	⓲ 인조네일용 파일을 사용하여 네일 랩 턱을 제거한 후 스퀘어 형태로 조형하고 높은 지점에서 좌우, 상하 사방의 굴곡이 자연스럽게 연결되도록 인조네일의 구조를 조형한다. ＊프리에지 길이: 0.5〜1cm 미만, 프리에지 두께: 0.5〜1mm 이하, C 커브: 20〜40%	
샌딩 파일	⓳ 샌딩 파일을 사용하여 인조네일의 표면을 부드럽게 정리한다.	

네일 더스트 브러시	❷ 멸균거즈를 사용하여 네일 더스트 브러시의 물기를 완전히 제거한다. 물기가 제거된 네일 더스트 브러시를 사용하여 손톱 주변의 분진을 제거한다.	
브러시 글루	❷ 브러시 글루를 사용하여 네일 랩 전체를 코팅시킨다. 💡 스틱 글루만 사용할 경우 두께감이 없어서 추후 표면 정리 시 네일 랩이 없어질 수 있기 때문에 브러시 글루를 사용하는 것이 효과적이다.	
경화 촉진제	❷ 10cm 이상의 거리에서 경화 촉진제를 약하게 분사할 수 있다.	
샌딩 파일	❷ 샌딩 파일을 사용하여 인조네일의 표면을 부드럽게 정리한다.	
광택용 파일	❷ 광택용 파일을 사용하여 인조네일의 표면에 광택을 낸다.	

네일 더스트 브러시	㉕ 멸균거즈를 사용하여 네일 더스트 브러시의 물기를 완전히 제거한다. 물기가 제거된 네일 더스트 브러시를 사용하여 손톱 주변의 분진을 제거한다.	
멸균거즈	㉖ 큐티클 오일을 바르고 멸균거즈를 사용하여 인조네일 주변의 잔여물과 오일기를 제거한다.	
작업대	㉗ 사용한 페이퍼타월과 쓰레기를 전부 위생봉지에 버린다. 사용한 재료와 도구를 원위치에 두어 정리하고 뚜껑을 모두 닫는다. 작업대를 깨끗이 정리하고 감독위원을 기다린다.	

3 작업과정 쓱 점검하기

손 소독(수험자, 모델) ⇨ 네일 폴리시 제거 ⇨ 라운드 또는 오발 형태 ⇨ 표면 정리 ⇨ 분진 제거 ⇨ 네일 랩 재단 ⇨ 네일 랩 접착 ⇨ 네일 랩 곡선 형성 ⇨ 네일 랩 연장 ⇨ 길이 재단 ⇨ C 형태의 곡선 고정 ⇨ 스퀘어 형태 ⇨ 구조 조형 ⇨ 표면 정리 ⇨ 분진 제거 ⇨ 브러시 글루 도포 ⇨ 표면 정리 ⇨ 광택내기 ⇨ 분진 제거 ⇨ 마무리 ⇨ 작업대 정리

4 완성!

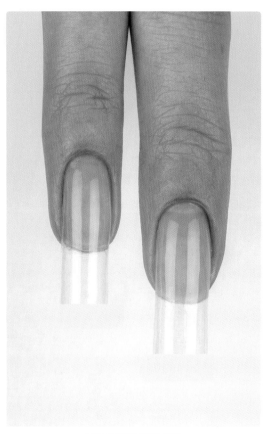

네일 랩 익스텐션 정면

네일 랩 익스텐션 옆면

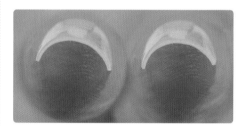

네일 랩 익스텐션 프리에지 단면

정면

왼쪽 옆면

오른쪽 옆면

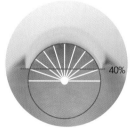

프리에지 단면

평가 포인트

04. 네일 랩 익스텐션

(배점 30점)

사전체크	소독	네일 랩 접착	기포 및 투명도	네일 파일링	완성도
			★		

1. 사전체크

❶ 수험자와 모델의 복장이 규정에 맞는지 확인할 수 있다.
❷ 작업대의 네일 재료와 도구의 위생 상태를 확인하고 불필요한 재료 여부와 구비되어 있지 않은 재료목록을 확인할 수 있다.
❸ 사전에 모델 오른손이 1과제 작업 상태로 유지되어 있는지 확인할 수 있다.

2. 소독

❶ 실기시험 시작 후 수험자와 모델이 올바른 방법으로 소독을 하였는지 확인할 수 있다.

3. 네일 랩 접착

❶ 네일 랩이 부족한 부분 없이 손톱에 알맞게 접착되었는지 확인할 수 있다.
❷ 네일 랩이 들뜨지 않게 접착되었는지 확인할 수 있다.
❸ 네일 랩과 자연손톱이 매끄럽게 연결되었는지 확인할 수 있다.

4. 기포 및 투명도 ★

❶ 네일 접착제로 인해 기포가 발생하였는지 확인할 수 있다.
❷ 과도한 필러 파우더의 사용으로 뭉침 현상이 있는지 확인할 수 있다.
❸ 경화 촉진제의 사용으로 뿌연 현상이 있는지 확인할 수 있다.
❹ 네일 랩 익스텐션이 투명하게 표현되었는지 확인할 수 있다.

5. 네일 파일링

❶ 프리에지 두께가 0.5~1mm 이하, C 커브가 20~40%로 나왔는지 확인할 수 있다.
❷ 하이포인트에서 좌우, 상하 사방의 굴곡이 자연스럽게 연결이 되었는지 확인할 수 있다.
❸ 인조네일의 프리에지 길이가 0.5~1cm 미만으로 스퀘어 형태를 유지하는지, 사이드 라인이 직선을 유지하는지 확인할 수 있다.
❹ 네일 파일로 인하여 출혈(감점요인)이 발생하지 않았는지 확인할 수 있다.
❺ 3지와 4지의 길이와 두께, 커브가 동일한지 확인할 수 있다.

6. 완성도

❶ 손톱 주변에 묻은 네일 접착제가 없는지 잔여물과 오일기가 남아있는지 손톱 아래에 위생 상태를 확인할 수 있다.
❷ 인조네일이 광택이 나는지 3지, 4지의 모양과 길이가 일정한지 확인할 수 있다.
❸ 사용한 재료에 뚜껑을 모두 닫고 작업대 위에 쓰레기가 없는지 정리정돈 상태를 체크할 수 있다.

별은 바라보는 자에게 빛을 준다.

– 이영도, 『드래곤 라자』, 황금가지

IV

[제4과제]

인조네일
제거

01   인조네일 제거

Nailist

IV 인조네일 제거

제4과제 인조네일 제거 준비사항

(1) 수험자 및 모델 준비

• 흰색 위생가운 착용
• 마스크 착용
• 청결한 손

수험자

• 마스크 착용
• 3과제에서 선택된 인조네일의 상태

모델(오른손 중지 손톱)

⑵ 인조네일 제거 작업대 준비

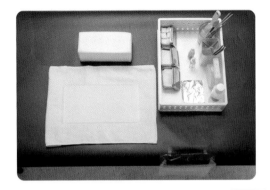

준비물

❶ 작업대를 소독제로 소독한 후 위생 처리된 수건을 펼쳐 정리한다.

❷ 수건 위에 페이퍼타월을 올려 놓는다.

❸ 손목 받침대를 모델 앞에 놓는다.

❹ 수험자의 오른쪽 작업대에 위생봉지를 부착한다.

❺ 재료 정리함을 오른쪽에 놓는다.

수건, 손목 받침대, 페이퍼타월, 위생봉지 (투명 테이프), 재료 정리함

⑶ 인조네일 제거 정리함 준비

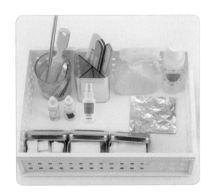

준비물

❶ 4과제(인조네일 제거) 시 필요한 모든 재료를 정리함 안에 세팅한다.

❷ 작업 시 사용되는 일회용 재료 및 도구는 반드시 새 것을 사용한다.

❸ 파일 꽂이에 자연네일용·인조네일용 파일, 샌딩 파일을 세워 둔다.

❹ 소독용기 바닥에 탈지면을 2장 깔고 에탄올을 2/3 이상 넣고 큐티클 니퍼, 큐티클 푸셔, 네일 클리퍼, 네일 더스트 브러시, 오렌지 우드스틱을 담가 둔다.

❺ 뚜껑이 있는 용기에 탈지면(大, 小), 멸균거즈를 넣어 둔다.

• 소독용기(에탄올) – 큐티클 니퍼, 큐티클 푸셔, 네일 클리퍼, 오렌지 우드스틱, 네일 더스트 브러시

• 용기 – 탈지면 大(소독용), 小(제거용), 멸균거즈

• 파일 꽂이 – 자연네일용·인조네일용 파일, 샌딩 파일

• 정리함 – 소독제, 아세톤 또는 쏙 오프 전용 리무버, 지혈제, 큐티클 오일, 포일

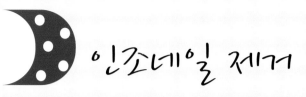

인조네일 제거

| 01. 인조네일 제거

3과제 시 선택된 인조네일 중 3지의 손톱 제거

실기시험 규정 ●

1. 요구사항

❶ 수험자의 손 및 모델의 손과 손톱을 소독한다.

❷ 3과제에 조형된 인조네일 중 3지의 손톱을 제거한다.

❸ 자연네일의 경계선을 파악한 뒤 연장된 프리에지를 안전하게 잘라내야 한다.

❹ 자연네일과 주변에 상처가 나지 않도록 유의하여 인조네일의 표면 두께를 적당히 갈아내야 한다.

❺ 아세톤 또는 쏙 오프 전용 리무버를 적신 탈지면을 손톱에 올리고 포일을 이용하여 감싸듯 마감한다.

❻ 쏙 오프 전, 피부의 보습을 위하여 큐티클 오일을 사용해야 한다.

❼ 젤의 종류에 따라 쏙 오프 과정을 생략할 수 있다.

❽ 일정한 시간이 흐른 후 녹은 부분을 적절히 제거한다.

❾ 손톱 위의 잔여물을 깨끗이 제거한다.

❿ 자연네일의 프리에지 형태를 라운드 또는 오발로 완성 후 표면을 매끄럽게 정리한다.

⓫ 마무리로 손과 손톱 주변의 먼지를 깨끗이 제거해야 한다.

  ❶ 핑거볼, 네일 더스트 브러시, 멸균거즈, 큐티클 오일을 사용할 수 있다.

  ❷ 네일 더스트 브러시는 멸균거즈 등으로 물기를 완전히 제거한 후 사용해야 한다.

2. 수험자 유의사항

❶ 인조네일의 두께를 네일 파일링으로 제거할 시 자연네일과 그 주변에 상처가 나지 않도록 유의해야 한다.

❷ 자연네일 파일링 시 문지르거나 비비지 말고 한 방향으로 네일 파일링해야 한다.

❸ 모델의 손과 손톱에 지저분한 큐티클 및 거스러미, 오일, 먼지나 분진 등의 잔여물이 없도록 항상 깨끗이 정리해야 한다.

❹ 필요시 인조네일의 두께를 제거하는 네일 파일링 작업과 포일 사용의 작업을 반복할 수 있으며, 오렌지 우드스틱, 큐티클 푸셔, 네일 파일은 선택하여 중복 사용할 수 있다.

❺ 제거 작업 시 광택용 파일 및 전동 파일 기기(전기 드릴 기기)는 사용할 수 없다.

❻ 마무리 작업 시 핑거볼, 멸균거즈, 큐티클 오일을 사용할 수 있다.

❼ 큐티클 니퍼, 큐티클 푸셔, 네일 클리퍼, 네일 더스트 브러시, 오렌지 우드스틱은 에탄올 소독용기에 담가 두어야 한다.

❽ 제시된 시험시간 안에 모든 작업과 마무리 및 주변 정리정돈을 끝내야 한다.

대상부위	시간	배점
오른손 3지 손톱	15분	10점

세부 과제	01. 인조네일 제거	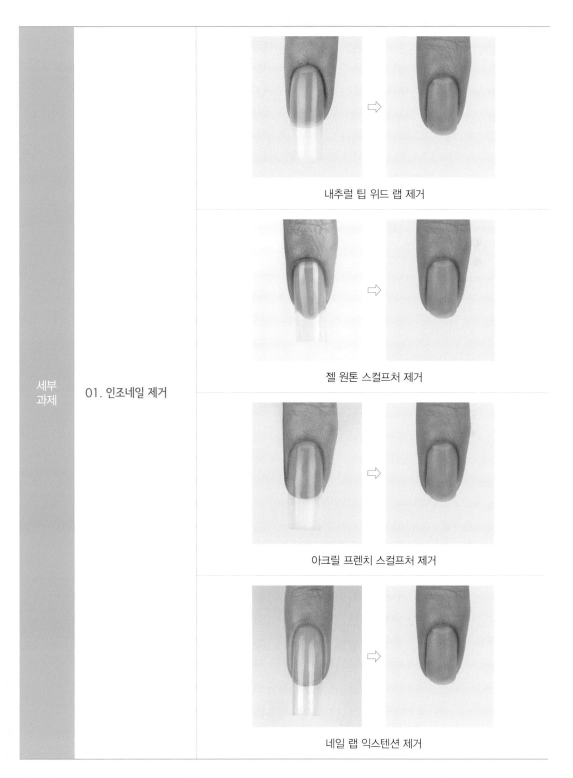

내추럴 팁 위드 랩 제거

젤 원톤 스컬프처 제거

아크릴 프렌치 스컬프처 제거

네일 랩 익스텐션 제거

01 인조네일 제거

💡 인조네일(내추럴 팁 위드 랩, 젤 원톤 스컬프처, 아크릴 프렌치 스컬프처, 네일 랩 익스텐션)의 제거 과정은 모두 동일하다. 다만, 사용하는 제품의 종류에 따라 쏙 오프 순서가 변경되거나 생략될 수 있다. 수험자가 사용하는 제품의 적절한 제거 방법을 사용한다. 본 교재에 수록된 모든 작업사진은 수험자의 시선으로 구성하였다.

1 작업과정 🔵 쏙 한눈에 보기

⏰ 시간: 15분

❶ 수험자 손 소독하기

❷ 모델 오른손 및 손톱 소독하기

❸ 길이 재단하기

⬇

❸-1 내추럴 팁 위드 랩

❸-2 젤 원톤 스컬프처

❸-3 아크릴 프렌치 스컬프처

❸-4 네일 랩 익스텐션

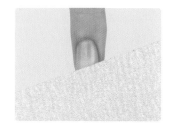
❹ 두께 갈아내기

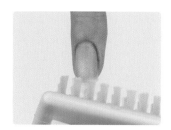
❺ 분진 제거하기

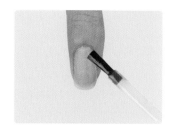
❻ 큐티클 오일 도포하기

❼ 제거제 도포하기

❽ 포일 감싸기

❾ 녹은 부분 제거하기

⏰ 10분 내외

❿ 남은 부분 제거하기

⓫ 표면 정리하기

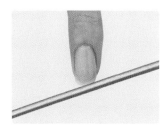

⓬ 라운드 또는 오발 형태로 조형
하기

⓭ 분진 제거하기

⓮ 마무리하기

⓯ 작업대 정리하기

⏰ 15분 종료

2 도구&재료로 싹 자세히 보기

소독제	❶ 소독제를 탈지면에 분사하여 수험자의 양 손을 소독한다. ❷ 소독제를 탈지면에 분사하여 모델의 오른손 및 손톱을 소독한다. (팔목부터 프리에지 방향으로 손등과 손바닥, 손가락 사이, 손톱을 소독) 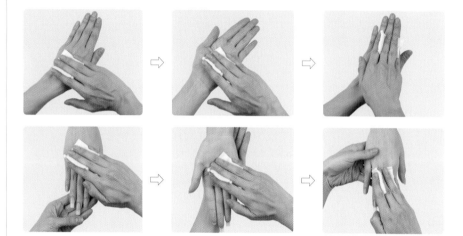
네일 클리퍼	❸ 네일 클리퍼를 사용하여 연장된 인조네일의 길이를 잘라낸다. 자연네일의 위치를 확인한 후 안전하게 잘라내야 한다.     내추럴 팁 위드 랩　　젤 원톤 스컬프처　　아크릴 프렌치 스컬프처　　네일 랩 익스텐션
인조네일용 파일	❹ 인조네일용 파일을 사용하여 인조네일의 두께를 제거한다. 

네일 더스트 브러시	❺ 멸균거즈를 사용하여 네일 더스트 브러시의 물기를 완전히 제거한다. 물기가 제거된 네일 더스트 브러시를 사용하여 손톱 주변의 분진을 제거한다.	
큐티클 오일	❻ 큐티클 오일을 손톱 주변 피부에 도포한다.	
쏙 오프 전용 리무버 & 아세톤	❼ 쏙 오프 전용 리무버 또는 아세톤을 탈지면에 적셔 손톱 위에 올린다.	
포일	❽ 포일을 사용하여 탈지면과 손톱을 감싼 후 약 5 ~ 7분 후 포일을 제거한다.	

| 오렌지
우드스틱 | ❾ 오렌지 우드스틱 또는 큐티클 푸셔를 사용하여 녹은
부분을 조심히 긁어 제거한다. 인조네일이 충분히 제
거되지 않았으면 ❹ ~ ❽의 과정을 반복할 수 있다. |  |

| 인조네일용
파일 | ❿ 인조네일용 파일을 사용하여 제거되고 남은 부분을
조심히 네일 파일링한다. |  |

| 샌딩 파일 | ⓫ 샌딩 파일을 사용하여 자연네일의 표면을 부드럽게
정리한다.
💡 인조네일 제거 시 광택용 파일은 사용할 수 없다! |  |

| 자연네일용
파일 | ⓬ 자연네일용 파일을 사용하여 모델의 오른손 중지손톱을 라운드 또는 오발 형태로 조형
한다. 프리에지 중앙을 중심으로 한 방향으로 네일 파일링해야 한다.
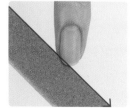 ⇨  ⇨ 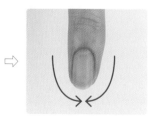 |

네일 더스트 브러시	❸ 멸균거즈를 사용하여 네일 더스트 브러시의 물기를 완전히 제거한다. 물기가 제거된 네일 더스트 브러시를 사용하여 손톱 주변의 분진을 제거한다.	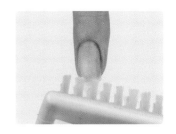
멸균거즈	❹ 멸균거즈를 사용하여 손 전체를 닦아 주고 인조네일 주변의 잔여물과 오일기를 제거한다.	
작업대	❺ 사용한 페이퍼타월과 쓰레기를 전부 위생봉투에 버린다. 사용한 재료와 도구를 원위치에 두어 정리하고 뚜껑을 모두 닫는다. 작업대를 깨끗이 정리하고 감독위원을 기다린다.	

3 작업과정 쓱 점검하기

손 소독(수험자, 모델) ⇨ 길이 재단 ⇨ 두께 제거 ⇨ 분진 제거 ⇨ 오일 도포 ⇨ 제거제 도포 ⇨ 포일 마감 ⇨ 녹은 부분 제거 ⇨ 남은 부분 제거 ⇨ 표면 정리 ⇨ 라운드 또는 오발 형태 ⇨ 분진 제거 ⇨ 마무리 ⇨ 작업대 정리

4 완성!

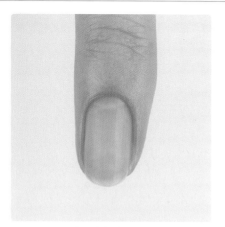

인조네일 제거 정면

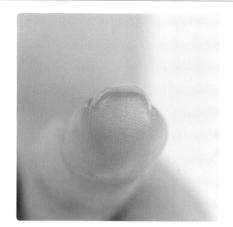

인조네일 제거 프리에지 단면

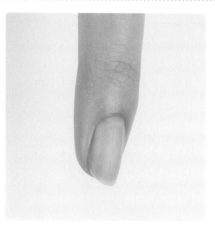

인조네일 제거 왼쪽 옆면

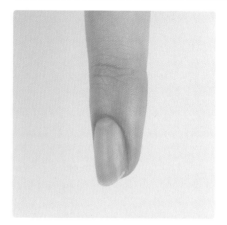

인조네일 제거 오른쪽 옆면

평가 포인트

01. 인조네일 제거

(배점 10점)

사전체크	소독	손상도	네일 파일링	완성도
		★		

1. 사전체크

❶ 수험자와 모델의 복장이 규정에 맞는지 확인할 수 있다.
❷ 작업대의 네일 재료와 도구의 위생 상태를 확인하고 불필요한 재료(광택용 파일 등) 유무와 구비되어 있지 않은 재료 목록을 확인할 수 있다.
❸ 사전에 모델 오른손이 3과제 작업 상태로 유지되어 있는지 확인할 수 있다.

2. 소독

❶ 실기시험 시작 후 수험자와 모델이 올바른 방법으로 소독을 하였는지 확인할 수 있다.

3. 손상도 ★

❶ 자연네일이 손상되지 않았는지 손톱 주변 피부에 보습을 유지하였는지 확인할 수 있다.

4. 네일 파일링

❶ 자연네일이 라운드 또는 오발의 형태를 유지하는지 확인할 수 있다.
❷ 광택용 파일을 사용하여 자연네일 표면에 광택을 내지는 않았는지 확인할 수 있다.

5. 완성도

❶ 손톱 주변에 잔여물과 오일기가 남아 있는지 손톱 아래의 위생 상태를 확인할 수 있다.
❷ 사용한 재료의 뚜껑을 모두 닫고 작업대 위에 쓰레기가 없는지 등 정리정돈 상태를 체크할 수 있다.

삶의 순간순간이
아름다운 마무리이며
새로운 시작이어야 한다.

– 법정 스님

2024 에듀윌 네일 미용사 실기 단기끝장

발 행 일	2024년 1월 7일 초판
편 저 자	민방경, 김재철
펴 낸 이	양형남
펴 낸 곳	(주)에듀윌
등록번호	제25100–2002–000052호
주 소	08378 서울특별시 구로구 디지털로34길 55
	코오롱싸이언스밸리 2차 3층

www.eduwill.net
대표전화 1600-6700

여러분의 작은 소리
에듀윌은 크게 듣겠습니다.

본 교재에 대한 여러분의 목소리를 들려주세요.
공부하시면서 어려웠던 점, 궁금한 점,
칭찬하고 싶은 점, 개선할 점, 어떤 것이라도 좋습니다.

에듀윌은 여러분께서 나누어 주신 의견을
통해 끊임없이 발전하고 있습니다.

에듀윌 도서몰 book.eduwill.net
- 부가학습자료 및 정오표: 에듀윌 도서몰 → 도서자료실
- 교재 문의: 에듀윌 도서몰 → 문의하기 → 교재(내용, 출간) / 주문 및 배송